面向多视全极化SAR数据的
基于模型的非相干极化分解技术
——实例手册

安文韬 著

海洋出版社

2020年·北京

图书在版编目(CIP)数据

面向多视全极化SAR数据的基于模型的非相干极化分解技术：实例手册 / 安文韬著. —北京：海洋出版社, 2020.11

ISBN 978-7-5210-0665-0

Ⅰ. ① 面… Ⅱ. ① 安… Ⅲ. ① 卫星图像 – 图像处理 Ⅳ. ① TP75

中国版本图书馆CIP数据核字(2020)第204878号

责任编辑：苏　勤
责任印制：赵麟苏

海洋出版社 出版发行
http://www.oceanpress.com.cn
北京市海淀区大慧寺路 8 号　邮编：100081
廊坊一二〇六印刷厂印刷
2020 年 11 月第 1 版　2020 年 11 月北京第 1 次印刷
开本：889 mm × 1194 mm　1 / 16　印张：16
字数：248千字　定价：298.00 元
发行部：010–62132549　邮购部：010–68038093　总编室：010–62114335

前 言

FOREWORD

合成孔径雷达（synthetic aperture radar, SAR）卫星是一种不受云雾遮挡、不在乎白天还是夜晚均可获得地面高分辨率微波遥感图像的先进对地观测手段。我国首颗分辨率达到 1m 的民用合成孔径雷达卫星——高分三号卫星（GF-3）已于 2016 年 8 月 10 日发射升空，经在轨测试后于 2017 年 1 月 23 日正式投入使用，其数据产品已在国土监管、海洋管理、环境保护、防灾减灾等领域取得了广泛应用。

2019 年 1 月 1 日至 12 月 31 日，GF-3 卫星获得遥感数据约 6.7 万景，其中全极化条带 1、全极化条带 2 和波模式三种全极化观测模式的数据约 2.9 万景。笔者以 2019 年数据为主附以部分 2017 年和 2018 年数据，收集和制作了城镇、河流、山地、沙漠、海洋、海面涡旋、海冰和冰原、农田、山地冰川侵蚀、融水冲刷、海岸带、水面养殖、矿山开采等十余种常见典型地物的大量非相干极化分解产品。从中选择出 210 景遥感价值和图像美感兼具的产品，经处理和编辑形成本书，供广大高分三号卫星用户、SAR 卫星科研人员和极化数据处理工作者以及普通公众赏析。本书中展示的 GF-3 卫星极化产品主要经过了空间多视、极化滤波、极化分解和伪彩色合成等技术处理。希望通过对本书的阅读可以让读者对全极化数据非相干极化分解的结果形成直观上的感性认知。同时，本书中典型地物图像也可以当作地物解译时的参考手册使用。想了解更多高分三号卫星全极化数据产品以及对书中使用的极化数据处理技术感兴趣的读者还可参阅 2018 年出版的《高分三号卫星极化数据处理——产品与技术》和 2019 年出版的《高分三号卫星极化数据处理——产品与典型地物分析》。

特别指出：后文中对图像反映实际地物信息的说明多依据极化特征由 SAR 专家解译获得，未经过现场实际勘查，因此存在解译说明错误的可能，望读者海涵。

安文韬

2020 年 2 月

目录

CONTENTS

高分三号卫星极化数据处理产品介绍

在展示高分三号（GF-3）卫星极化数据产品之前，先简要介绍一下合成孔径雷达卫星对地观测原理。高分三号卫星为获取遥感图像，首先会向地面发射微波频段的电磁波，电磁波在照射到地面后会被散射到各个方向，其中有一部分电磁波会恰好散射回高分三号卫星。高分三号卫星记录这些散射回的电磁波信息并下传到地面后，经过计算机的成像处理即可获得地面的高分辨率微波遥感图像。

极化是电磁波的一种固有属性特征。高分三号卫星具备三种可以完整测量电磁波极化信息的观测模式，分别是全极化条带 1 模式、全极化条带 2 模式和波模式。这三种观测模式的分辨率和幅宽信息见下表。本书中展示的产品基本来源于全极化条带 1 观测模式，因为该模式具有最高的分辨率和较大的幅宽。

高分三号卫星三种全极化观测模式的分辨率和幅宽

序号	成像模式	分辨率 (m)	幅宽 (km)
1	全极化条带 1	8	30
2	全极化条带 2	25	40
3	波模式	10	5 × 5

通过极化分解技术可以由高分三号卫星获得的地面遥感图像中提取出地物的电磁波的散射特性，如是否包含体散射成分（典型如热带雨林）、面散射成分（典型如海面和裸地）和二次散射成分（典型如城区）。再通过伪彩色合成技术可将极化分解的结果表示成彩色图片进行展示，经典的上色方案是将体散射成分用绿色表示，将面散射成分用蓝色表示，将二次散射成分用红色表示，这样就获得了后文中展示的极化产品图像了。

经极化分解和伪彩色合成后的图像，非常适合人眼直接观察。图像中用人眼最熟悉的色彩信息，表示了地物的电磁散射特征，使得专家判读地物信息更为直观和方便。实际上，真实地物的电磁散射通常是多种散射成分共同作用的结果，而这一特性恰好可以被颜色合成的机制完美表达。如，二次散射的红色加体散射的绿色会显示为黄色；面散射的蓝色加体散射的绿色会显示为青色；面散射的蓝色加二次散射的红色会显示为品红色。红、绿、蓝三原色的不同组合形成不同颜色，而不同颜色恰好完美地表达了地物的不同电磁散射成分组合，这正是科学与艺术的完美结合。

极化分解加上伪彩色合成实现了 SAR 卫星数据符合人眼视觉特征的高品质图像显示，这不仅克服了 SAR 卫星数据人眼观测困难的固有缺陷，甚至为人类带来新的视觉美图享受，希望通过本书展示的这些美丽图像可以扩大高分三号卫星数据的公众影响力，进而促进其在多行业、多领域的创新应用发展。

以大地为画布，以遥感卫星为画笔，以地物的电磁散射特性为颜料，能绘制出怎样的艺术作品呢？下面就请欣赏由大自然和人类共同创造的美丽图画。

城　镇

1. 湖北武汉（2017 年 4月30日）

观测日期：2017 年 4 月 30 日。

中心点经纬度：30.6° N，114.3° E。

覆盖范围：宽（东西向）约 30.4 km，高（南北向）约 34.4 km。

数据源信息：高分三号卫星，全极化条带 1 成像模式数据；中心点入射角：36.2°。

图像处理过程：空间多视，非邻域极化滤波，反射对称分解，伪彩色合成。

图像说明：湖北武汉市核心区域图像。图中最大的河流为长江，江中存在大量船舶，江上有多座桥梁连接两岸。图右上角江中岛屿为天兴洲。图上部为汉口，右下部为武昌，左下部为汉阳。图右下部最大面积的湖泊为东湖。

2. 上海（2017年5月30日）

观测日期： 2017 年 5 月 30 日。

中心点经纬度： 31.2° N，121.4° E。

覆盖范围： 宽（东西向）约 28.7 km，高（南北向）约 34.4 km。

数据源信息： 高分三号卫星，全极化条带 1 成像模式数据；中心点入射角：36.3°。

图像处理过程： 空间多视，非邻域极化滤波，反射对称分解，伪彩色合成（幅度）。

图像说明： 图中虹桥机场和上海飞机制造有限公司西侧机场跑道由于后向散射较弱显示为黑色。虹桥机场左侧火车站的四叶草造型非常独特。全图城区由于建筑物的地面朝向不同主要显示为亮粉色和黄绿色。

3. 青海西宁（2017 年 10 月 20 日）

观测日期：2017 年 10 月 20 日。

中心点经纬度：36.6° N，101.8° E。

覆盖范围：宽（东西向）约 23.9 km，高（南北向）约 28.2 km。

数据源信息：高分三号卫星，全极化条带 1 成像模式数据；中心点入射角：37.4°。

图像处理过程：空间多视，非邻域极化滤波，反射对称分解，伪彩色合成。

图像说明：青海西宁市位于群山环抱之中，南有南山，北有北山，呈条带状分布，地处湟水及三条直流交汇处的河谷盆地中。

4. 中国台湾台北（2017年11月25日）

观测日期：2017 年 11 月 25 日。
中心点经纬度：25.1° N，121.5° E。
覆盖范围：宽（东西向）约 21.6 km，高（南北向）约 26.5 km。
数据源信息：高分三号卫星，全极化条带 1 成像模式数据；中心点入射角：38.4。
图像处理过程：空间多视，非邻域极化滤波，反射对称分解，伪彩色合成。
图像说明：中国台湾台北市区坐落于山地环绕的平原地带，图左上角淡水河直通台湾海峡，其最北侧的支流为基隆河，河南岸的松山机场跑道清晰可见。

5. 乌兹别克斯坦安集延（2017 年 12月3日）

观测日期：2017 年 12 月 3 日。

中心点经纬度：40.8° N，72.3° E。

覆盖范围：宽（东西向）约 21.1 km，高（南北向）约 26.5 km。

数据源信息：高分三号卫星，全极化条带 1 成像模式数据；中心点入射角：38.4°。

图像处理过程：空间多视，非邻域极化滤波，反射对称分解，伪彩色合成。

图像说明：乌兹别克斯坦安集延市的市区建筑区域位于图像中央，图左上部区域分布大量农田，右下部区域存在大片山地。

6. 土库曼斯坦阿什哈巴德（2017年12月21日）

观测日期：2017 年 12 月 21 日。

中心点经纬度：37.9° N，58.4° E。

覆盖范围：宽（东西向）约 26.4 km，高（南北向）约 34.3 km。

数据源信息：高分三号卫星，全极化条带 1 成像模式数据；中心点入射角：36.1°。

图像处理过程：空间多视，非邻域极化滤波，反射对称分解，伪彩色合成。

图像说明：土库曼斯坦的首都阿什哈巴德的城区，其周边存在农田以及山地。

7. 新疆石河子（2018年2月22日）

观测日期： 2018 年 2 月 22 日。

中心点经纬度： 44.3° N，86.1° E。

覆盖范围： 宽（东西向）约 21.1 km，高（南北向）约 26.5 km。

数据源信息： 高分三号卫星，全极化条带 1 成像模式数据；中心点入射角：38.4°。

图像处理过程： 空间多视，非邻域极化滤波，反射对称分解，伪彩色合成。

图像说明： 图上部左侧的红色区域即为新疆石河子市，上部右侧为玛纳斯县，绿色条带状地物为玛纳斯河，北部为天山北麓中段区域。

8. 重庆（2018年4月15日）

观测日期：2018 年 4 月 15 日。

中心点经纬度：29.5° N，106.5° E。

覆盖范围：宽（东西向）约 28.4 km，高（南北向）约 32.9 km。

数据源信息：高分三号卫星，全极化条带 1 成像模式数据；中心点入射角：36.1°。

图像处理过程：空间多视，非邻域极化滤波，反射对称分解，伪彩色合成。

图像说明：右侧由北至南走向的河流为长江，中部由东至西走向的河流为嘉陵江，图像左右两侧山体褶皱地貌非常独特。江中船舶和桥梁清晰可见。

9. 北京（2018年12月21日）

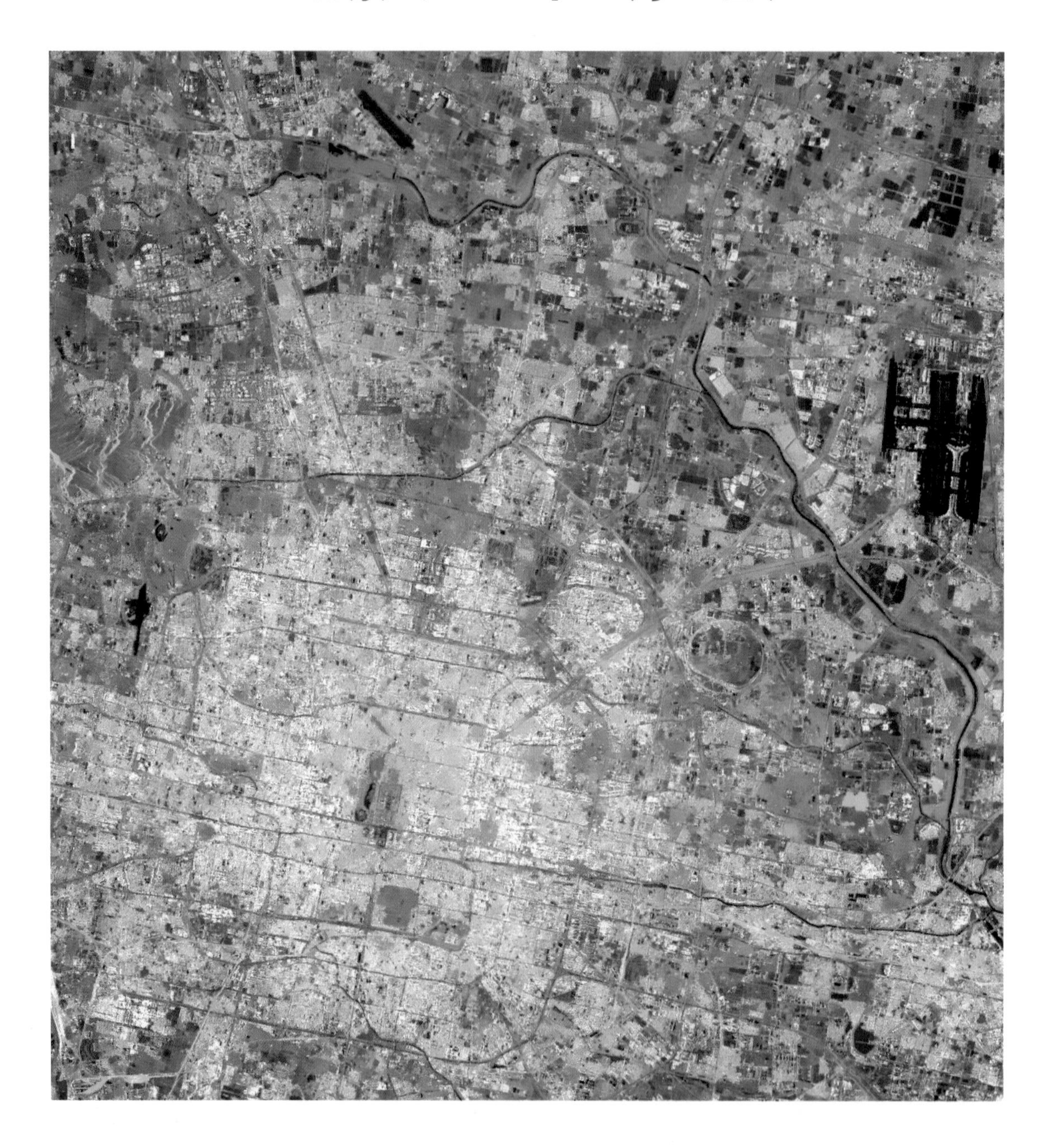

观测日期：2018 年 12 月 21 日。
中心点经纬度：40.0° N，116.4° E。
覆盖范围：宽（东西向）约 37.6 km，高（南北向）约 41.2 km。
数据源信息：高分三号卫星，全极化条带 1 成像模式数据；中心点入射角：21.1°。
图像处理过程：空间多视，非邻域极化滤波，反射对称分解，伪彩色合成（幅度）。
图像说明：北京建筑区域大面积显示为粉色，表明除二次散射外还存在很强的面散射。望京区域由于建筑的朝向接近 45°，因此显示为亮绿色。首都机场跑道显示为黑色，什刹海也显示为黑色。天坛公园显示为绿色。

10. 内蒙古呼和浩特（2019 年 2月21日）

观测日期： 2019 年 2 月 21 日。

中心点经纬度： 40.8° N，111.6° E。

覆盖范围： 宽（东西向）约 30.8 km，高（南北向）约 34.3 km。

数据源信息： 高分三号卫星，全极化条带 1 成像模式数据；中心点入射角：36.0°。

图像处理过程： 空间多视，非邻域极化滤波，反射对称分解，伪彩色合成。

图像说明： 图中部红黄色区域对应内蒙古呼和浩特市区，其南部黑色河流为大黑河，河南岸为农田区域，市区北部为内蒙古中部的大青山。

11. 河北唐山（2019 年 7 月 7 日）

观测日期：2019 年 7 月 7 日。

中心点经纬度：39.7° N，118.2° E。

覆盖范围：宽（东西向）约 30.7 km，高（南北向）约 34.3 km。

数据源信息：高分三号卫星，全极化条带 1 成像模式数据；中心点入射角：36.2°。

图像处理过程：空间多视，非邻域极化滤波，反射对称分解，伪彩色合成。

图像说明：图下部红色建筑区域即为河北唐山市，其南部水域为南湖公园，东部河流为陡河，右上部水域为陡河水库，图左上部红色建筑区域为丰润区，图左侧可见唐山三女河机场的黑色机场跑道。

12. 印度戈勒克布尔（2019年7月17日）

观测日期： 2019 年 7 月 17 日。

中心点经纬度： 26.8° N，83.4° E。

覆盖范围： 宽（东西向）约 30.6 km，高（南北向）约 34.4 km。

数据源信息： 高分三号卫星，全极化条带 1 成像模式数据；中心点入射角：36.3°。

图像处理过程： 空间多视，非邻域极化滤波，反射对称分解，伪彩色合成。

图像说明： 位于印度北部的戈勒克布尔市是与尼泊尔交通联系的中心之一，图中河流为拉布蒂河。

13. 安徽合肥（2019 年 7月19日）

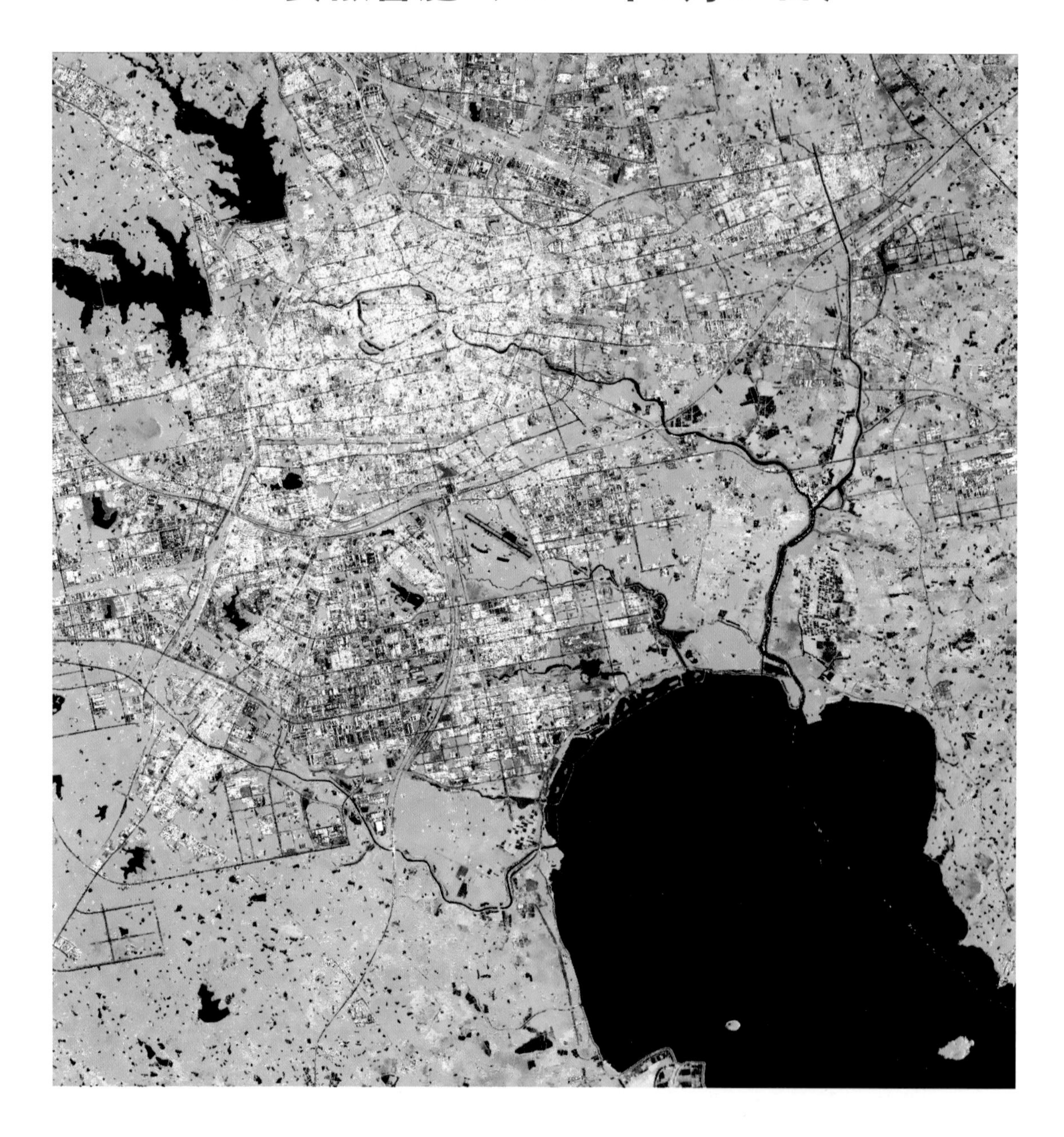

观测日期：2019 年 7 月 19 日。
中心点经纬度：31.8° N，117.3° E。
覆盖范围：宽（东西向）约 37.1 km，高（南北向）约 42.0 km。
数据源信息：高分三号卫星，全极化条带 1 成像模式数据；中心点入射角：25.2°。
图像处理过程：空间多视，非邻域极化滤波，反射对称分解，伪彩色合成。
图像说明：安徽合肥市。图右下角水域为巢湖北部，图左上角两个水域由左至右依次为董铺水库、大房郢水库。

14. 尼泊尔加德满都（2019 年 7月22日）

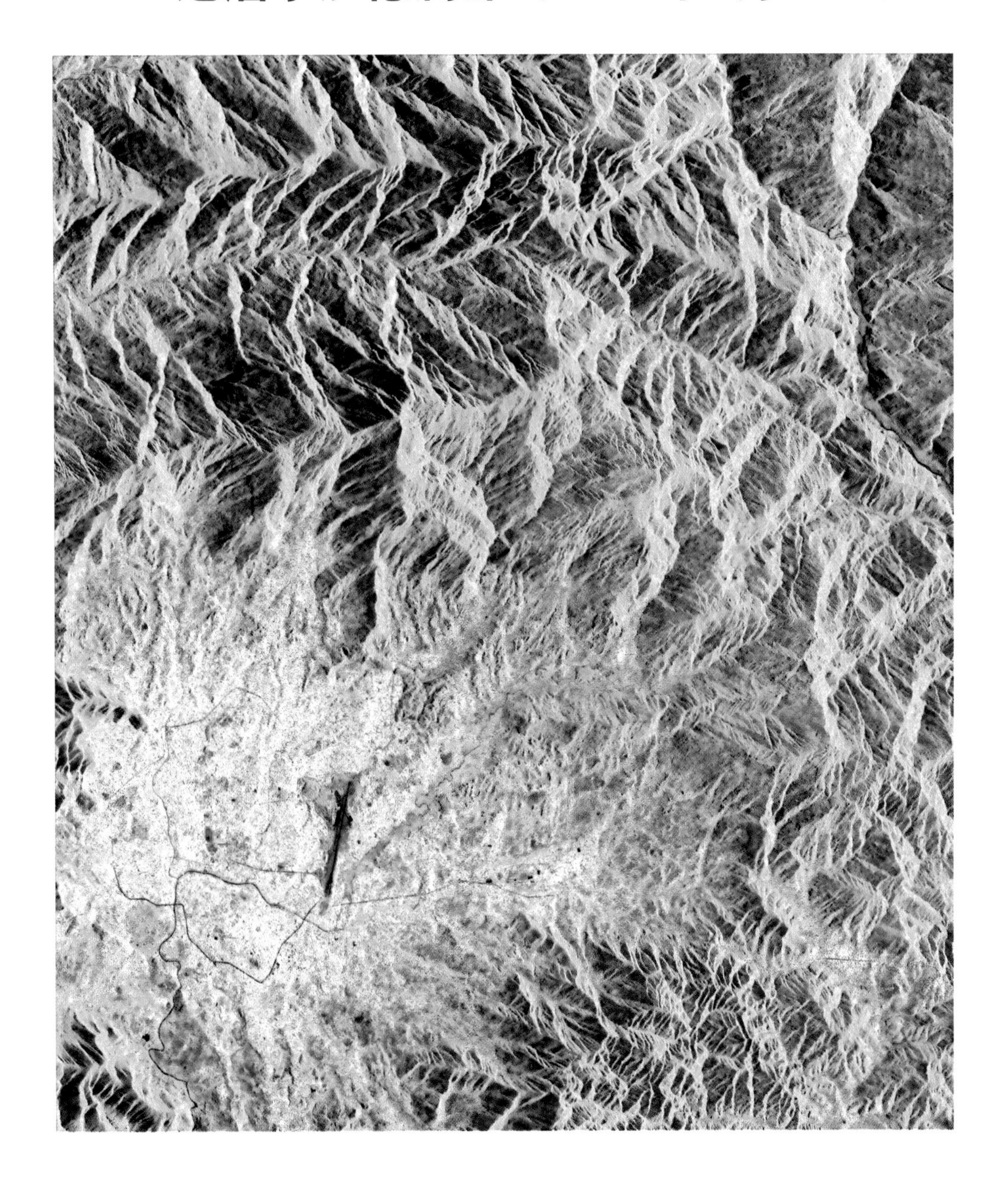

观测日期： 2019 年 7 月 22 日。

中心点经纬度： 27.7° N，85.4° E。

覆盖范围： 宽（东西向）约 30.9 km，高（南北向）约 34.4 km。

数据源信息： 高分三号卫星，全极化条带 1 成像模式数据；中心点入射角：36.0°。

图像处理过程： 空间多视，非邻域极化滤波，反射对称分解，伪彩色合成。

图像说明： 加德满都为尼泊尔的首都和最大城市，位于加德满都谷地，巴格马蒂河与比兴马提河的交汇处，城市东部特里布万国际机场跑道呈现黑色。

15. 江苏苏州东部区域（2019 年 7月24日）

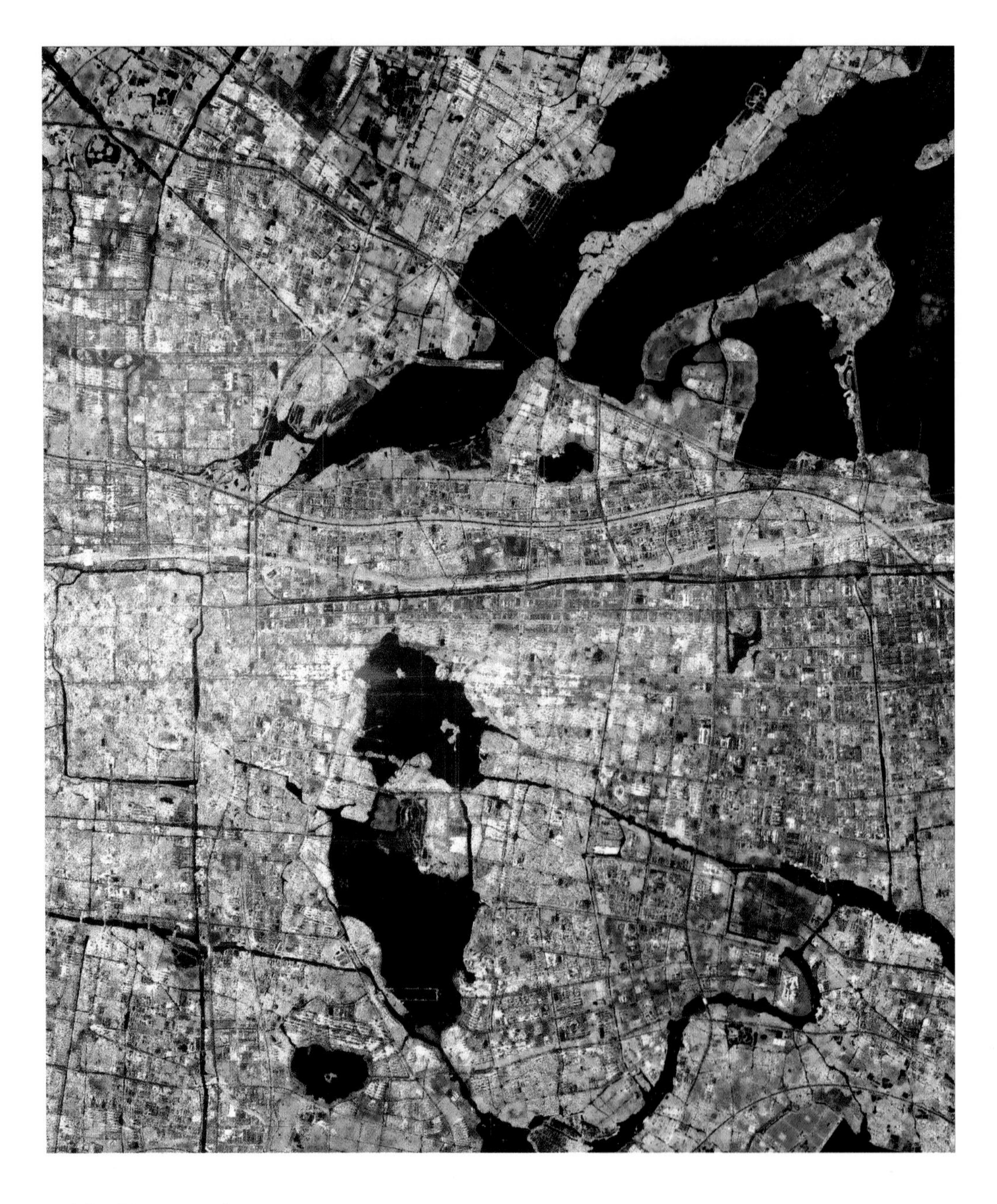

观测日期： 2019 年 7 月 24 日。
中心点经纬度： 31.3° N，120.7° E。
覆盖范围： 宽（东西向）约 21.4 km，高（南北向）约 24.2 km。
数据源信息： 高分三号卫星，全极化条带 1 成像模式数据；中心点入射角：39.2°。
图像处理过程： 空间多视，非邻域极化滤波，反射对称分解，伪彩色合成。
图像说明： 江苏苏州市东部区域。大量建筑物朝向正好垂直于 SAR 观测方向，因此本图中存在非常强的二次散射，也存在较多二次散射的旁瓣。

16. 浙江温州龙湾区（2019年9月11日）

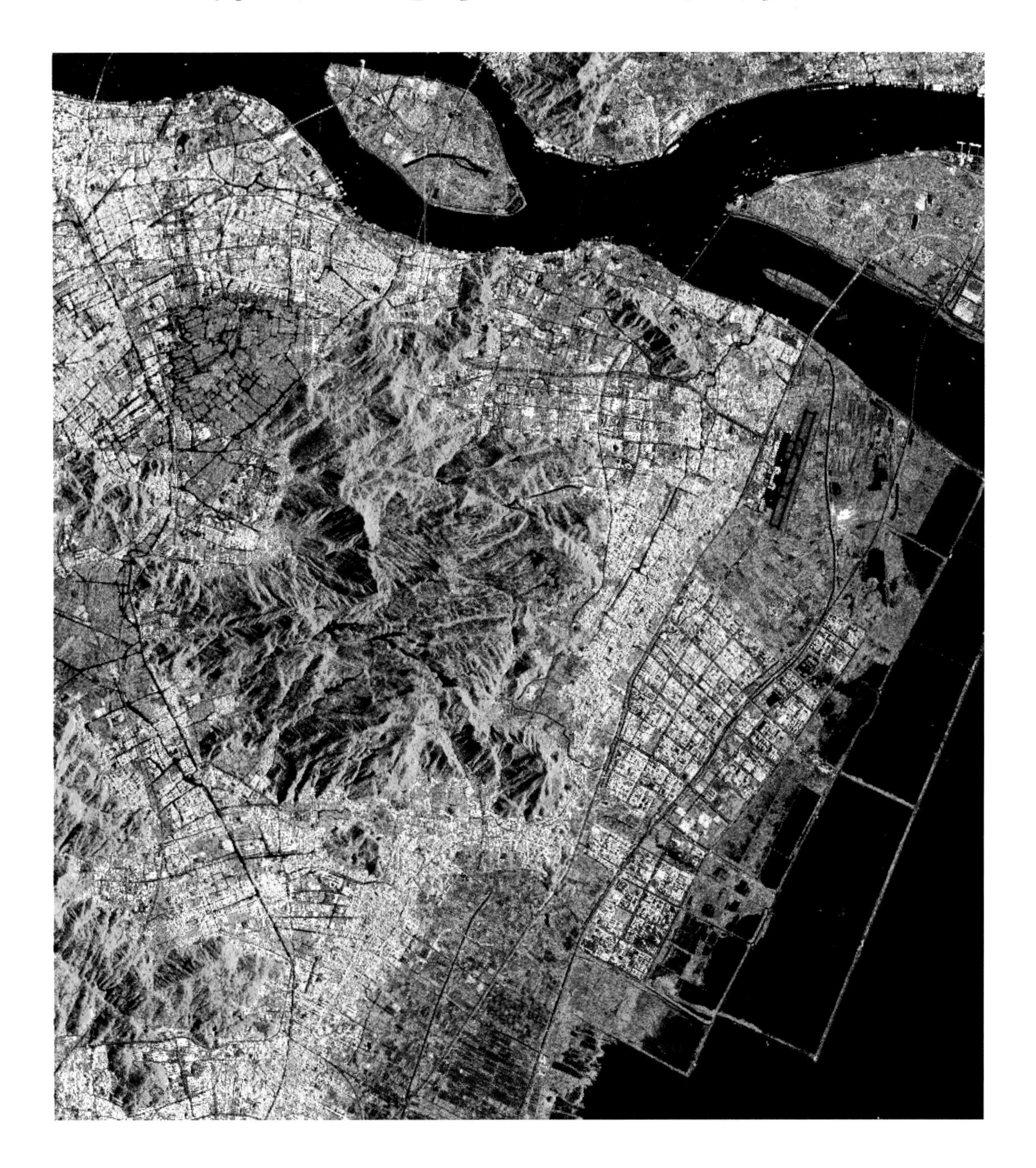

观测日期：2019 年 9 月 11 日。

中心点经纬度：27.9° N，120.8° E。

覆盖范围：宽（东西向）约 25.6 km，高（南北向）约 28.5 km。

数据源信息：高分三号卫星，全极化条带 1 成像模式数据；中心点入射角：48.9°。

图像处理过程：空间多视，去定向 Freeman 分解，伪彩色合成。

图像说明：左上角建筑区域为浙江温州市核心城区，图中心的山地区域为大罗山，靠近沿海的区域为温州市的龙湾区。图上部河流为瓯江，其上桥梁和船舶清晰可见。瓯江南岸靠近海洋区域可见机场地物特征，为温州龙湾国际机场。

17. 辽宁沈阳（2019 年 9 月 11 日）

观测日期： 2019 年 9 月 11 日。

中心点经纬度： 41.8° N，123.5° E。

覆盖范围： 宽（东西向）约 25.7 km，高（南北向）约 28.5 km。

数据源信息： 高分三号卫星，全极化条带 1 成像模式数据；中心点入射角：48.7°。

图像处理过程： 空间多视，非邻域极化滤波，反射对称分解，伪彩色合成。

图像说明： 辽宁沈阳市。图中河流为浑河，河上有多座桥梁。图上部偏左的位置可见一机场跑道。

18. 安徽蒙城（2019 年 9月25日）

观测日期： 2019 年 9 月 25 日。

中心点经纬度： 33.2° N，116.6° E。

覆盖范围： 宽（东西向）约 25.6 km，高（南北向）约 28.5 km。

数据源信息： 高分三号卫星，全极化条带 1 成像模式数据；中心点入射角：48.8°。

图像处理过程： 空间多视，非邻域极化滤波，反射对称分解，伪彩色合成。

图像说明： 图左侧中部粉色建筑区域为安徽亳州市蒙城县的县城区域，其北部河流为涡河。其周边大量粉色的村庄建筑区域，星罗棋布，村庄周围被大量农田所围绕。

19. 河南巩义（2019 年 10月4日）

观测日期： 2019 年 10 月 4 日。

中心点经纬度： 34.8° N，113.0° E。

覆盖范围： 宽（东西向）约 31.9 km，高（南北向）约 35.4 km。

数据源信息： 高分三号卫星，全极化条带 1 成像模式数据；中心点入射角：34.7°。

图像处理过程： 空间多视，非邻域极化滤波，反射对称分解，伪彩色合成。

图像说明： 巩义市为河南郑州市下辖县级市。图中部偏左的红粉色建筑区域为巩义市城区。图上部较宽的河流为黄河，其中部西南方向的支流为伊洛河。

20. 安徽淮南（2019年11月29日）

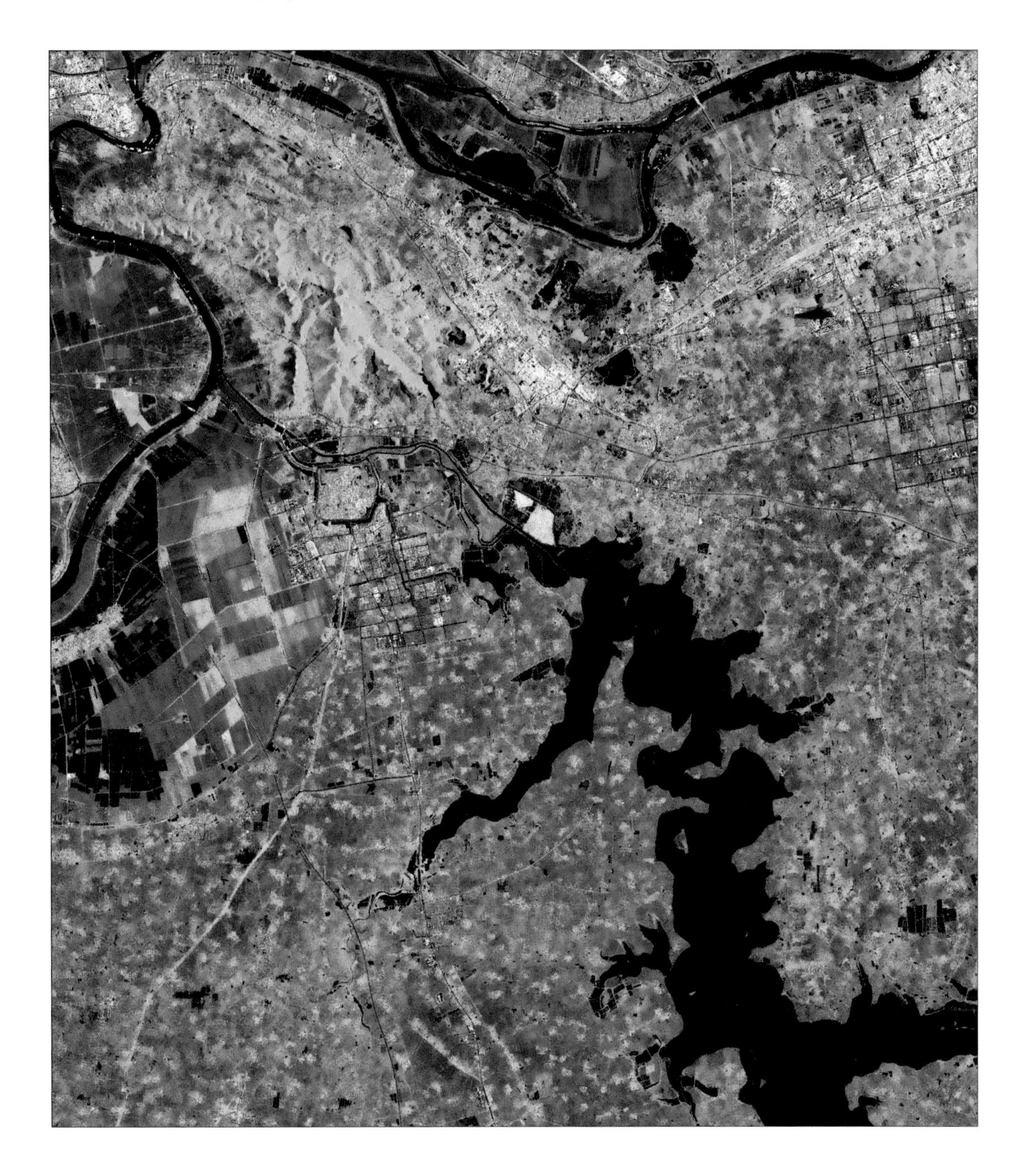

观测日期： 2019 年 11 月 29 日。

中心点经纬度： 32.5° N，116.8° E。

覆盖范围： 宽（东西向）约 31.8 km，高（南北向）约 35.4 km。

数据源信息： 高分三号卫星，全极化条带 1 成像模式数据；中心点入射角：34.8°。

图像处理过程： 空间多视，非邻域极化滤波（ENL3.5），反射对称分解，伪彩色合成（–6 dB）。

图像说明： 图右上角红黄色建筑区域为安徽省淮南市城区的一部分，图下部黑色湖泊区域为瓦埠湖，左上部绿色山地区域对应淮南八公山风景区，其东部为八公山镇。

21. 其他城镇遥感图像

另两部图书中还有众多典型的城市遥感图像，这里仅按参考文献形式列出，感兴趣的读者可自行查阅。

[1] 安文韬, 林明森, 谢春华, 袁新哲, 崔利民. 高分三号卫星极化数据处理——产品与技术. 北京: 海洋出版社, 2018.

1. 北京市东南部（2016 年 9 月 8 日）;

2. 北京市东北部（2016 年 9 月 8 日）;

24. 埃及开罗以东（2017 年 6 月 1 日）;

37. 重庆市（2017 年 8 月 26 日）;

38. 厦门市（2017 年 8 月 26 日）;

39. 哈尔滨市（2017 年 8 月 30 日）;

49. 甘肃省金昌市（2017 年 10 月 20 日）;

54. 阿联酋迪拜（2017 年 11 月 12 日）;

60. 日本福井和鲭江（2017 年 12 月 30 日）。

[2] 安文韬, 林明森, 谢春华, 袁新哲, 崔利民. 高分三号卫星极化数据处理——产品与典型地物分析. 北京: 海洋出版社, 2019.

5. 俄罗斯巴尔瑙尔（2018 年 1 月 9 日）;

6. 缅甸曼德勒（2018 年 1 月 22 日）;

7. 日本安州（2018 年 1 月 22 日）;

16. 美国洛杉矶东部城区（2018 年 2 月 17 日）;

17. 哈萨克斯坦阿斯塔纳（2018 年 02 月 18 日）;

30. 伊朗卡拉季（2018 年 4 月 25 日）;

39. 俄罗斯奥伦堡（2018 年 6 月 10 日）;

40. 俄罗斯乌法（2018 年 6 月 10 日）;

48. 西班牙马德里（2018 年 7 月 6 日）;

65. 青海省西宁市西部（2018 年 9 月 4 日）;

69. 西安市（2018 年 9 月 14 日）;

73. 新疆维吾尔自治区乌苏市（2018 年 10 月 7 日）;

77. 河北省晋州市与无极县（2018 年 10 月 19 日）;

81. 内蒙古自治区包头市（2018 年 11 月 21 日）;

86. 广州市与东莞市交界区域（2018 年 12 月 16 日）。

河　流

1. 塔夫达河（2017 年 7月17日）

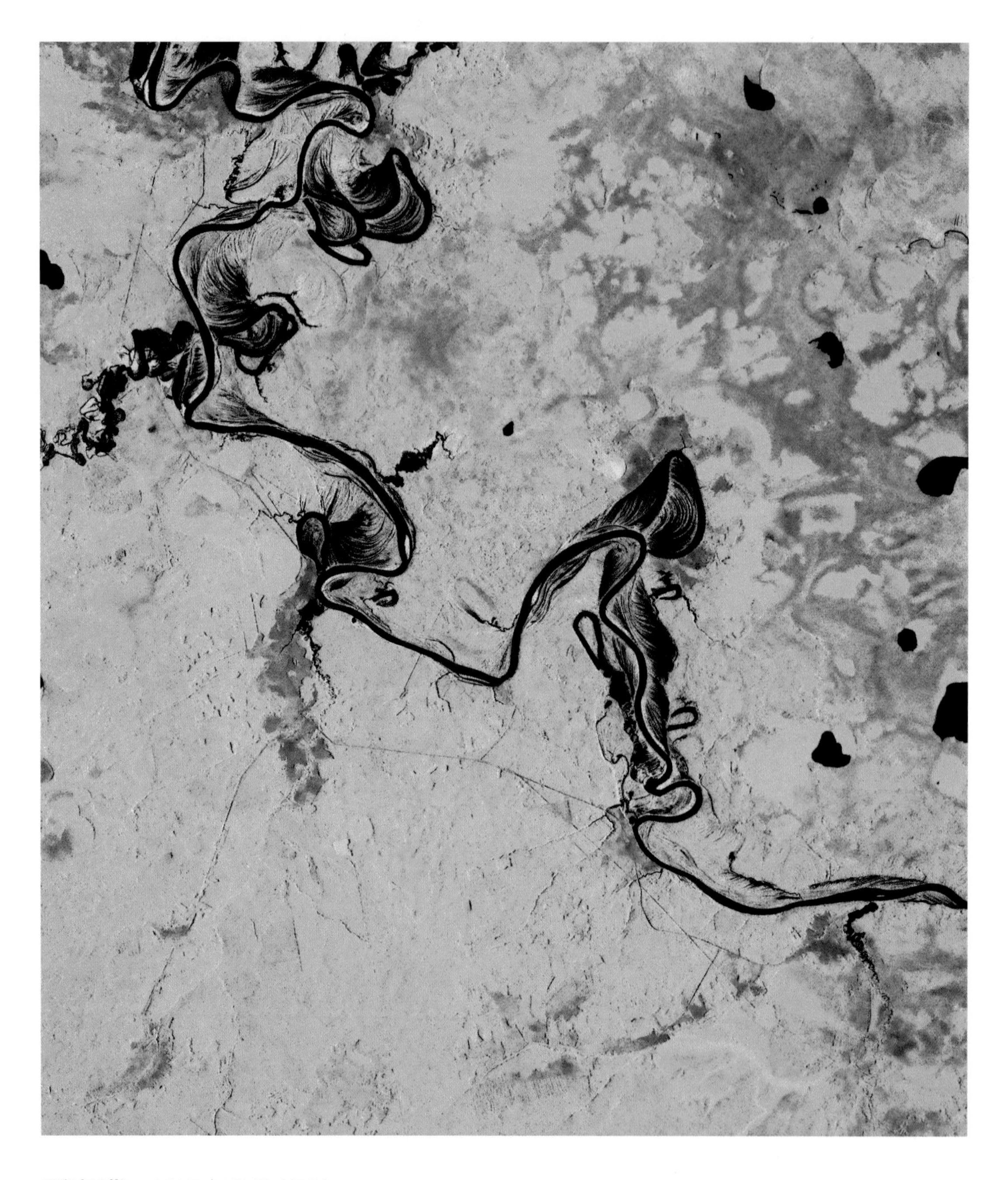

观测日期：2017 年 7 月 17 日。

中心点经纬度：58.3° N，64.9° E。

覆盖范围：宽（东西向）约 30.6 km，高（南北向）约 36.4 km。

数据源信息：高分三号卫星，全极化条带 1 成像模式数据；中心点入射角：36.3°。

图像处理过程：空间多视，非邻域极化滤波，反射对称分解，伪彩色合成。

图像说明：俄罗斯塔夫达河为托博尔河支流。图中河流蜿蜒，河道两侧有大量河流冲刷后的痕迹，其颜色偏红表明存在较多二次散射。

2. 阿穆尔河一（2017年10月11日）

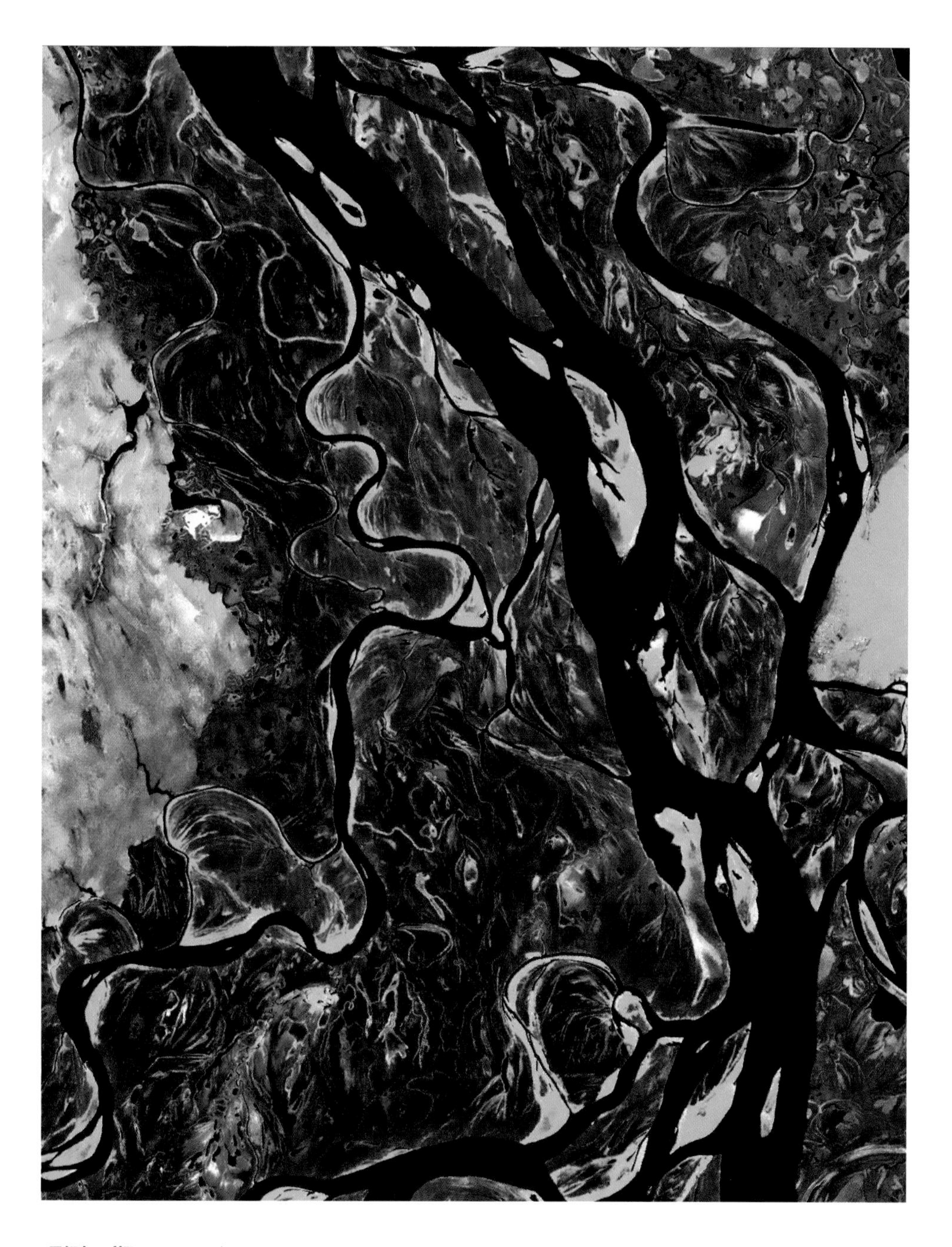

观测日期：2017 年 10 月 11 日。

中心点经纬度：49.7° N，136.8° E。

覆盖范围：宽（东西向）约 21.3 km，高（南北向）约 28.1 km。

数据源信息：高分三号卫星，全极化条带 1 成像模式数据；中心点入射角：37.6°。

图像处理过程：空间多视，非邻域极化滤波，反射对称分解，伪彩色合成。

图像说明：黑龙江流入俄罗斯境内称为阿穆尔河，向北注入鄂霍次克海。

3. 额尔齐斯河（2017 年 11 月 8 日）

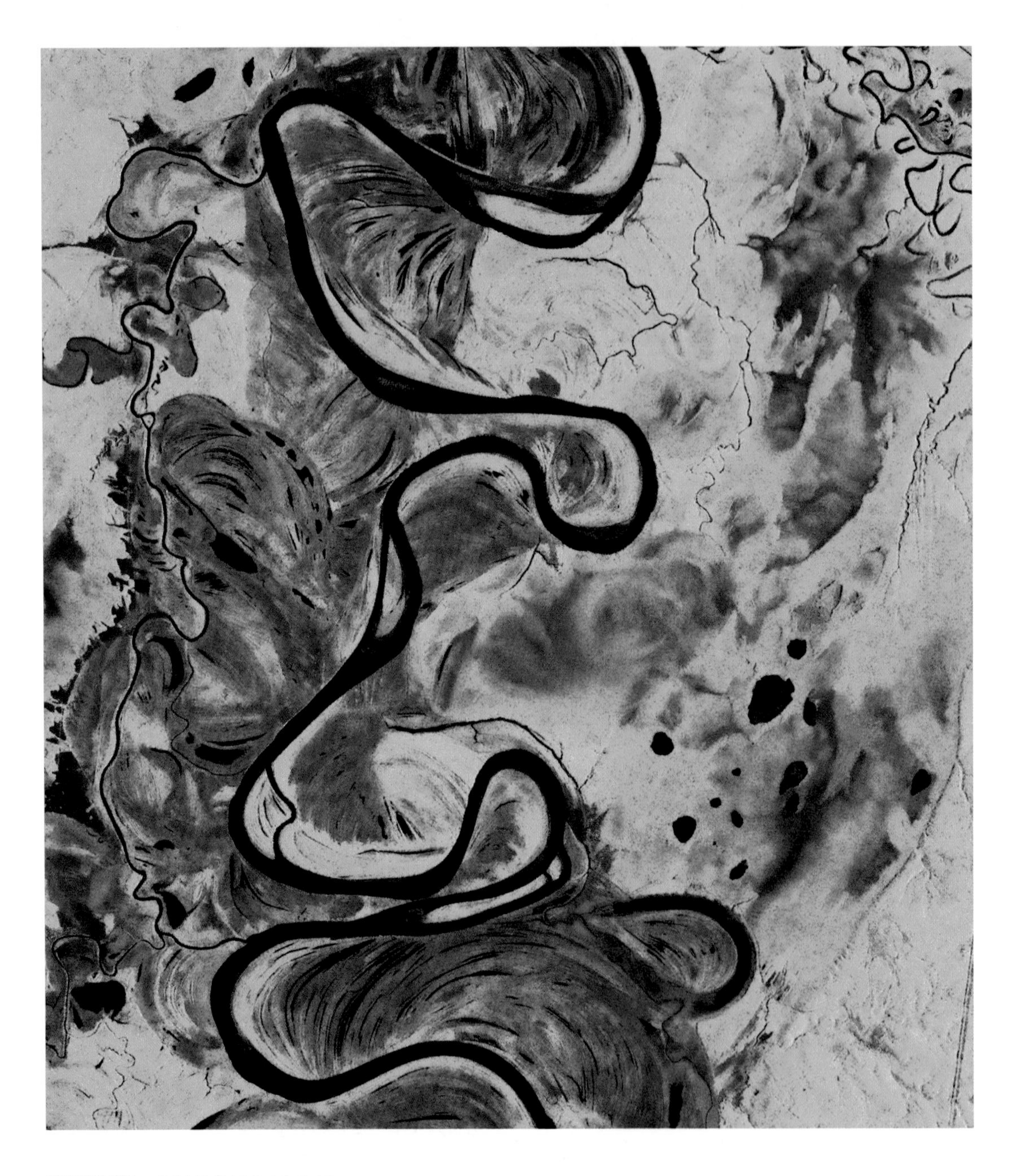

观测日期： 2017 年 11 月 8 日。

中心点经纬度： 58.9° N，68.8° E。

覆盖范围： 宽（东西向）约 22.4 km，高（南北向）约 26.4 km。

数据源信息： 高分三号卫星，全极化条带 1 成像模式数据；中心点入射角：38.4°。

图像处理过程： 空间多视，非邻域极化滤波，反射对称分解，伪彩色合成。

图像说明： 额尔齐斯河在俄罗斯境内一段区域的遥感图像。额尔齐斯河是中国唯一流入北冰洋的河流，源出中国阿尔泰山西南坡，山间两支源头，喀依尔特河和库依尔特河汇合后成为额尔齐斯河，流经哈萨克斯坦，经俄罗斯鄂毕河注入北冰洋。该河全长 4 248 km，中国境内河长为 546 km。

4. 萨地亚附近河流（2017 年 11月22日）

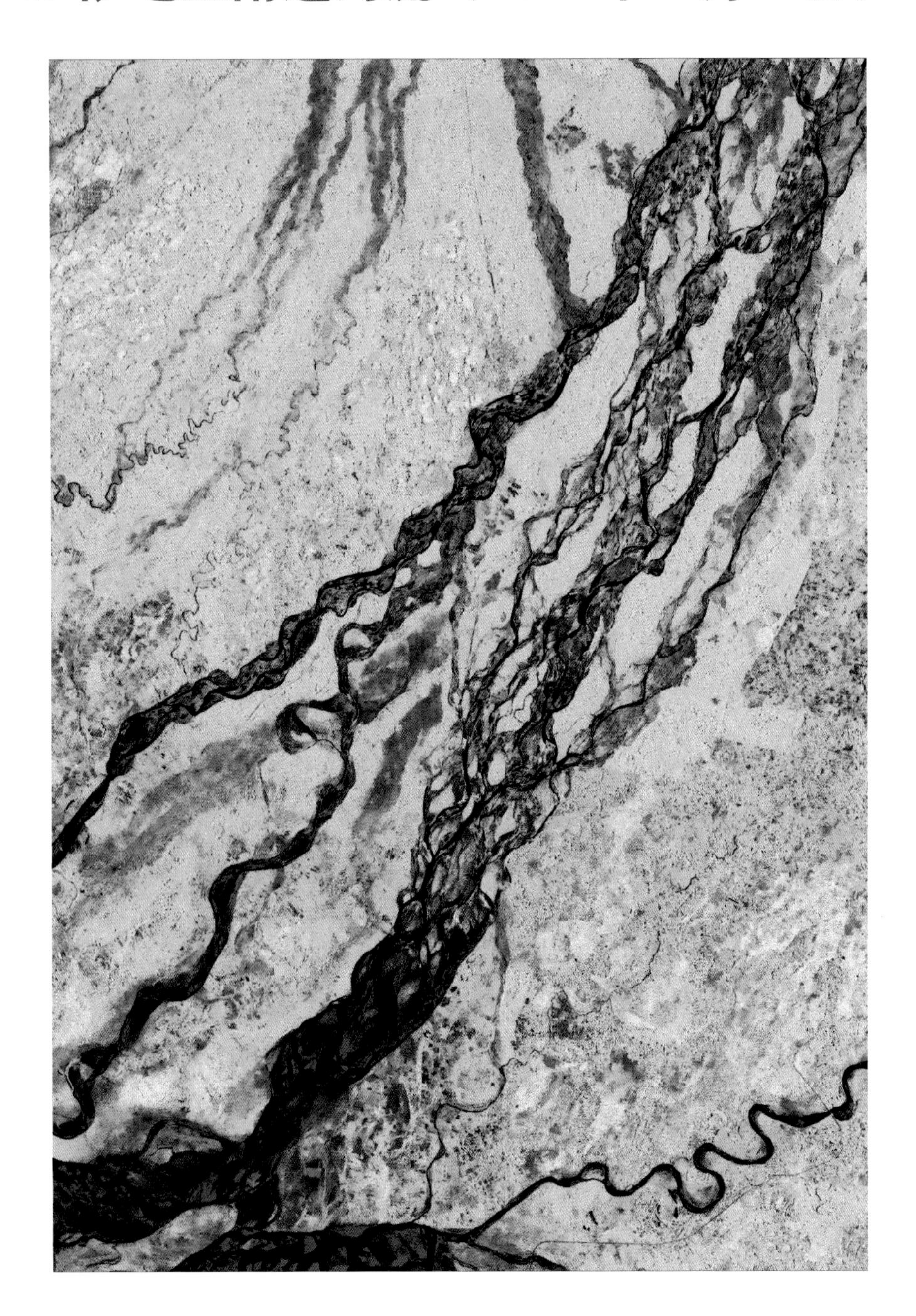

观测日期：2017 年 11 月 22 日。

中心点经纬度：28.0° N，95.6° E。

覆盖范围：宽（东西向）约 25.3 km，高（南北向）约 35.4 km。

数据源信息：高分三号卫星，全极化条带 1 成像模式数据；中心点入射角：34.5°。

图像处理过程：空间多视，非邻域极化滤波，反射对称分解，伪彩色合成。

图像说明：图下部河流交汇处即为印度萨地亚，地处迪汉河（中国境内称为雅鲁藏布江）、迪班河、卢希特河交汇处。图中区域靠近喜马拉雅山南麓，冰川融水形成河流的地貌特征非常明显。

5. 鄂毕河（2017 年 12 月 1 日）

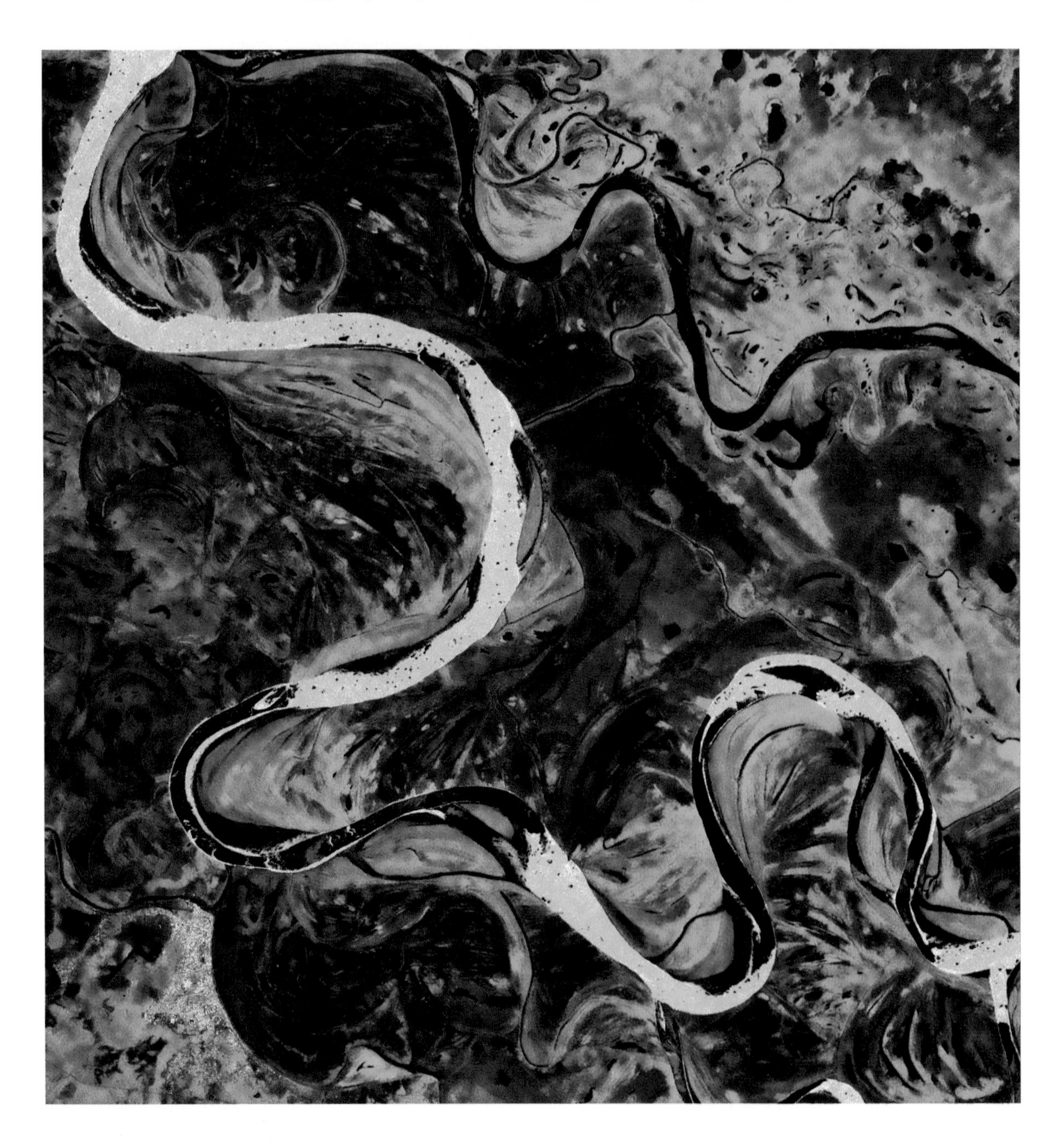

观测日期： 2017 年 12 月 1 日。

中心点经纬度： 58.8° N，81.7° E。

覆盖范围： 宽（东西向）约 23.1 km，高（南北向）约 25.2 km。

数据源信息： 高分三号卫星，全极化条带 1 成像模式数据；中心点入射角：38.4°。

图像处理过程： 空间多视，非邻域极化滤波，反射对称分解，伪彩色合成。

图像说明： 鄂毕河为俄罗斯第三大河，属北冰洋水系。发源于阿尔泰山的比亚河和卡通河在阿尔泰边疆区的比斯克西南汇流形成鄂毕河。图中左下角为帕拉别利的人工建筑区域。

6. 伏尔加河（2017年12月5日）

观测日期： 2017 年 12 月 5 日。
中心点经纬度： 51.7° N，46.3° E。
覆盖范围： 宽（东西向）约 30.2 km，高（南北向）约 36.4 km。
数据源信息： 高分三号卫星，全极化条带 1 成像模式数据；中心点入射角：36.3°。
图像处理过程： 空间多视，非邻域极化滤波，反射对称分解，伪彩色合成。
图像说明： 伏尔加河位于俄罗斯的西南部，全长 3 692 km，是欧洲最长的河流，也是世界最长的内流河，注入里海。图中河道纵横交错，两岸分布着大量农田和人类聚集区。

7. 卡马河（2018 年 5 月 2 日）

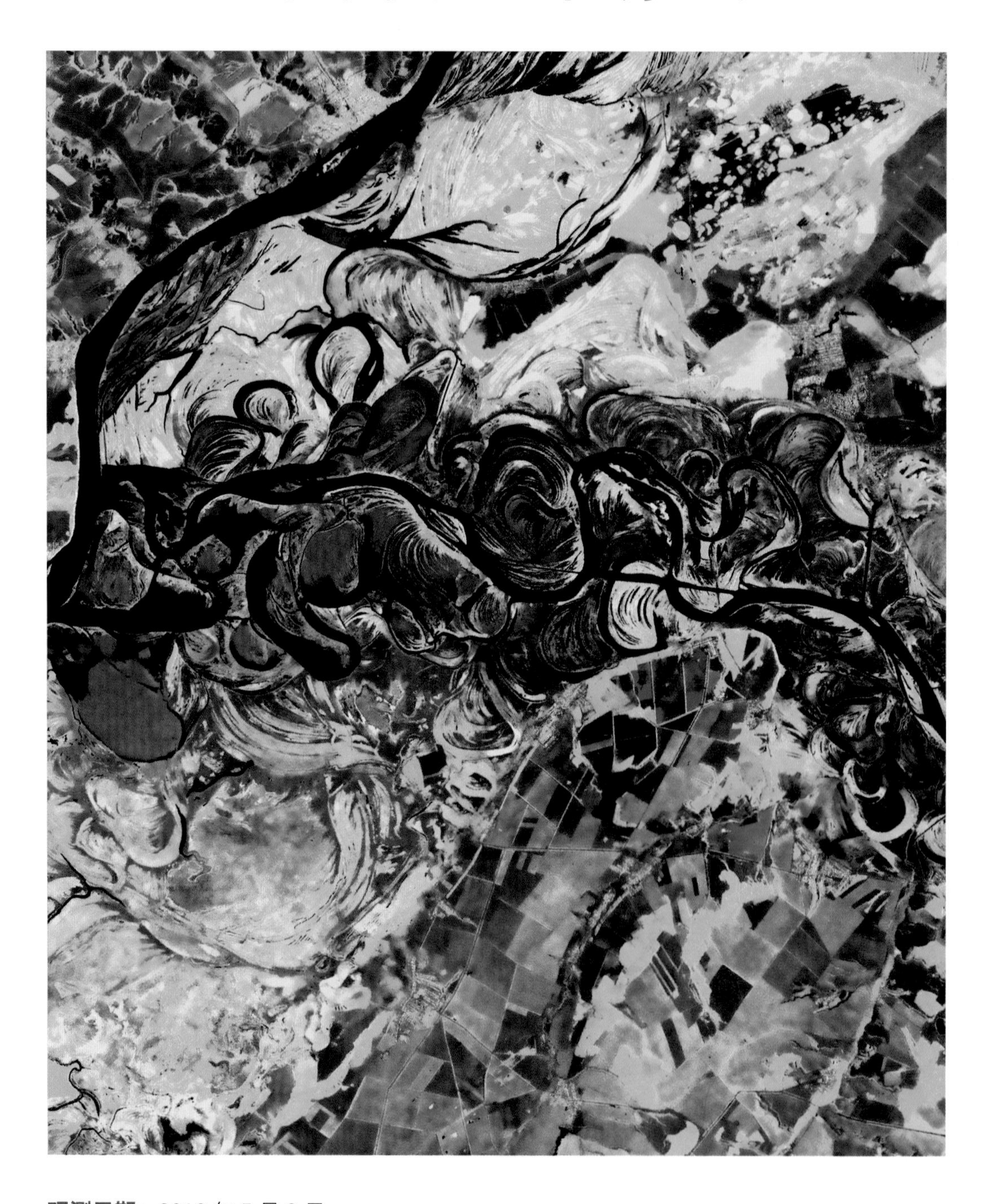

观测日期：2018 年 5 月 2 日。

中心点经纬度：55.9° N，53.7° E。

覆盖范围：宽（东西向）约 29.3 km，高（南北向）约 36.4 km。

数据源信息：高分三号卫星，全极化条带 1 成像模式数据；中心点入射角：36.3°。

图像处理过程：空间多视，非邻域极化滤波，反射对称分解，伪彩色合成。

图像说明：卡马河为俄罗斯中西部河流，源出上卡马丘陵，注入伏尔加河中游的古比雪夫水库，全长 1 805 km。由图中可看出该河流河床不稳定，多弯曲。图像右下部存在大量农田区域。

8. 印度代久附近河流（2018年6月28日）

观测日期： 2018 年 6 月 28 日。

中心点经纬度： 27.9° N，96.1° E。

覆盖范围： 宽（东西向）约 17.7 km，高（南北向）约 24.2 km。

数据源信息： 高分三号卫星，全极化条带 1 成像模式数据；中心点入射角：39.0°。

图像处理过程： 空间多视，非邻域极化滤波，反射对称分解，伪彩色合成。

图像说明： 图中部偏右的粉色区域即为印度代久的人工建筑区域，图中山地融水形成河流的地貌特征非常明显。河流交错复杂，当地人称为迪班河。

9. 因迪加河（2018年7月15日）

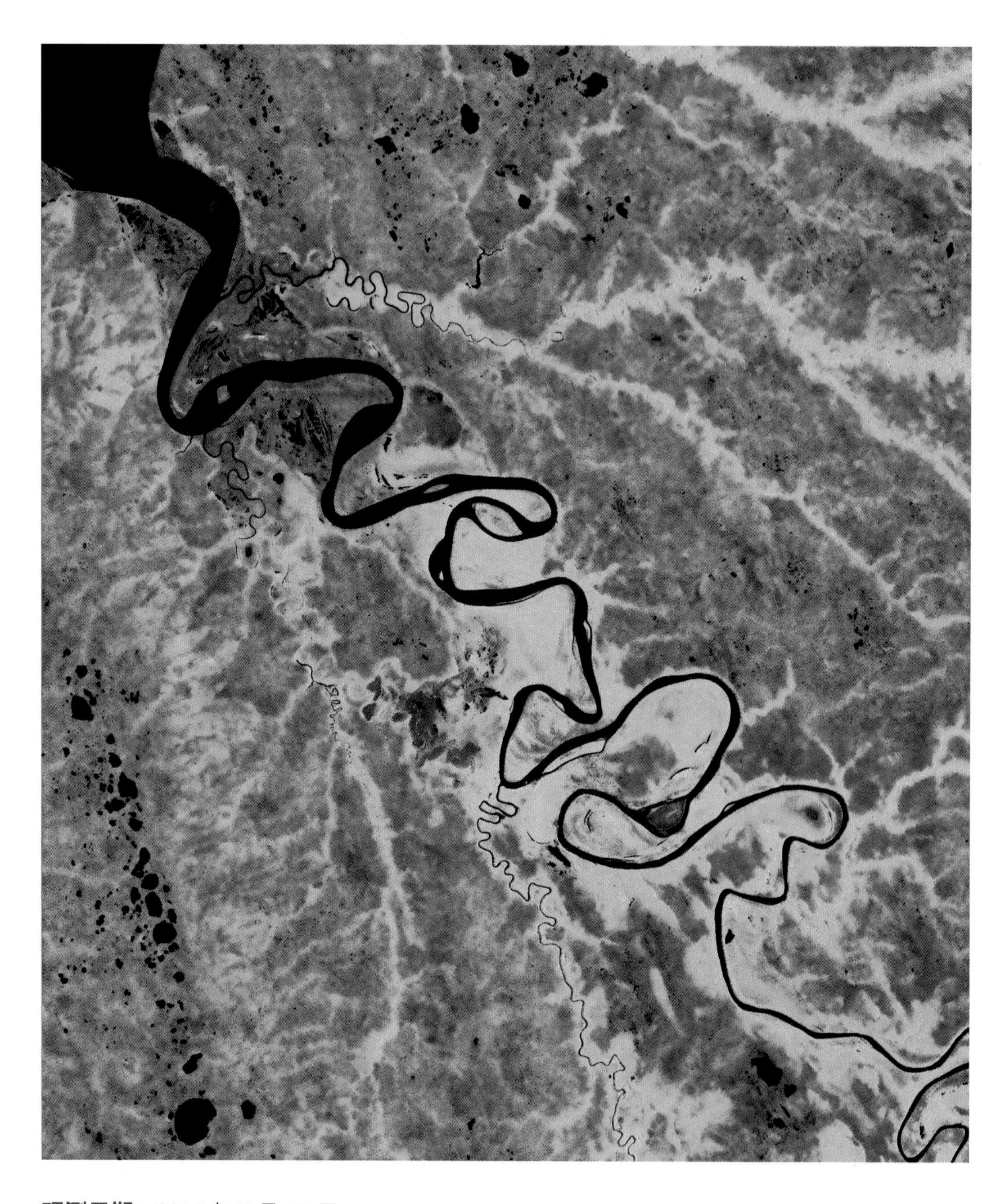

观测日期： 2018 年 7 月 15 日。

中心点经纬度： 66.8° S，47.7° E。

覆盖范围： 宽（东西向）约 23.2 km，高（南北向）约 26.0 km。

数据源信息： 高分三号卫星，全极化条带 1 成像模式数据；中心点入射角：39.2°。

图像处理过程： 空间多视，非邻域极化滤波，反射对称分解，伪彩色合成。

图像说明： 俄罗斯因迪加河，由涅涅茨自治区和阿尔汉格尔斯克州负责管辖，河道全长 193 km，流域面积约 3 790 km^2，河水主要来自融雪，每年 10 月至翌年 5 月结冰。河流由图中左上角流入北冰洋。

10. 布拉马普特拉河一（2018年9月18日）

观测日期： 2018 年 9 月 18 日。

中心点经纬度： 27.5° N，94.9° E。

覆盖范围： 宽（东西向）约 31.0 km，高（南北向）约 34.4 km。

数据源信息： 高分三号卫星，全极化条带 1 成像模式数据；中心点入射角：35.8°。

图像处理过程： 空间多视，非邻域极化滤波，反射对称分解，伪彩色合成。

图像说明： 布拉马普特拉河发源于中国西藏自治区，上游叫雅鲁藏布江。藏语中雅鲁藏布江意为“高山上流下的雪水”，梵语中布拉马普特拉河意为“梵天之子”。图中部河右岸的粉色区域为印度迪布鲁格尔的人工建筑区域。

11. 布拉马普特拉河二（2019年2月12日）

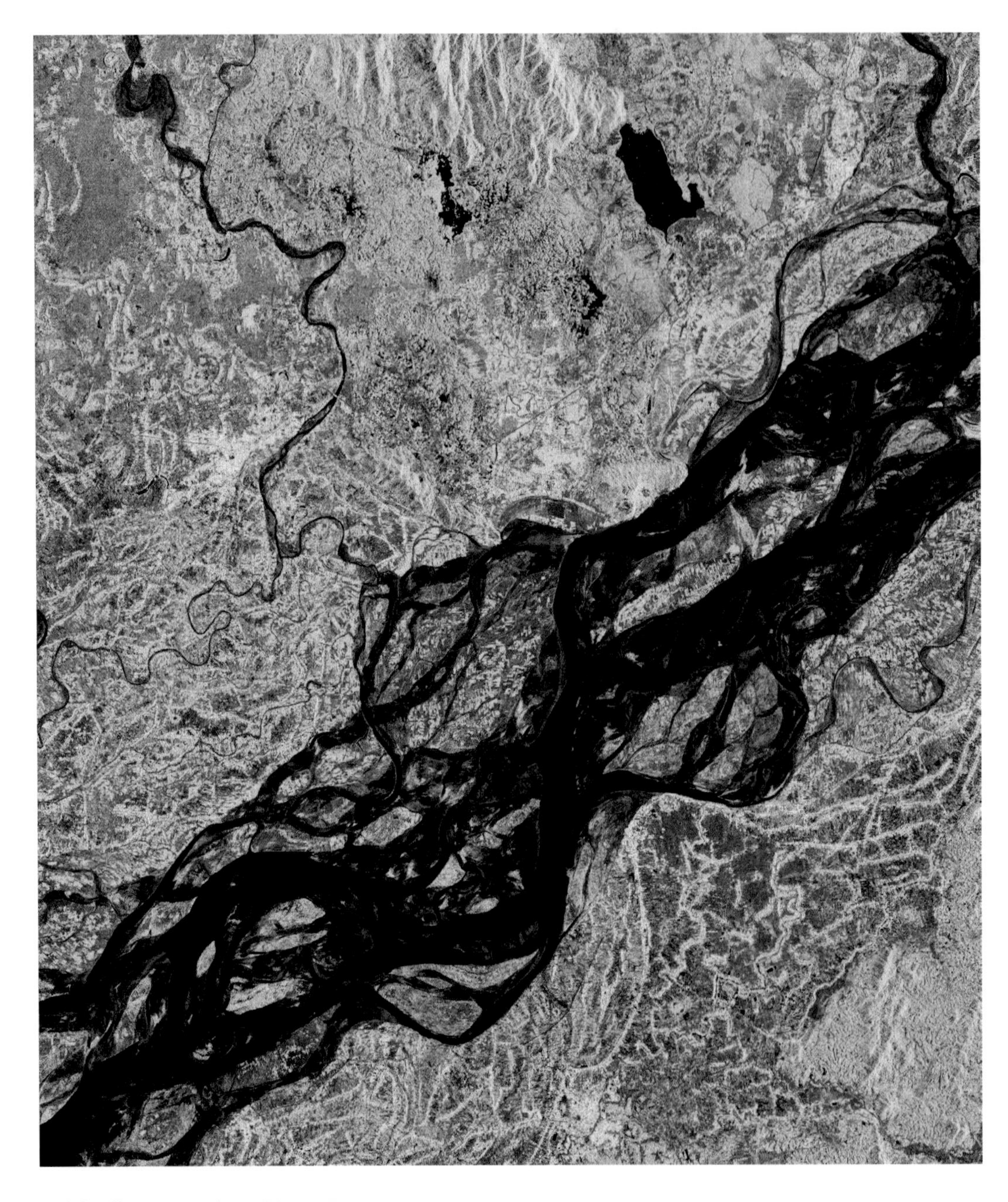

观测日期： 2019 年 2 月 12 日。

中心点经纬度： 26.2° N，90.3° E。

覆盖范围： 宽（东西向）约 31.1 km，高（南北向）约 34.4 km。

数据源信息： 高分三号卫星，全极化条带 1 成像模式数据；中心点入射角：35.7°。

图像处理过程： 空间多视，去定向 Freeman 分解，伪彩色合成。

图像说明： 印度东北部布拉马普特拉河从高哈蒂下游转弯后称为贾木纳河，本图所示区域为转弯处的靠北部一段。

12. 恒河（2019年2月15日）

观测日期：2019 年 2 月 15 日。

中心点经纬度：25.5° N，83.5° E。

覆盖范围：宽（东西向）约 26.0 km，高（南北向）约 28.8 km。

数据源信息：高分三号卫星，全极化条带 1 成像模式数据；中心点入射角：47.8°。

图像处理过程：空间多视，非邻域极化滤波，反射对称分解，伪彩色合成。

图像说明：图中黑色河流为印度恒河，其靠近图像底部的弯曲河道东侧红色区域为泽马尼亚。图像整体呈现绿色表明存在大量植被，且其中星罗棋布地分布着红色的人工建筑区域。

13. 阿穆尔河二（2019年2月28日）

观测日期：2019 年 2 月 28 日。

中心点经纬度：49.0° N，136.0° E。

覆盖范围：宽（东西向）约 32.6 km，高（南北向）约 36.4 km。

数据源信息：高分三号卫星，全极化条带 1 成像模式数据；中心点入射角：36.2°。

图像处理过程：空间多视，去定向 Freeman 分解，伪彩色合成。

图像说明：黑龙江流入俄罗斯境内称为阿穆尔河，向北注入鄂霍次克海。图中所示区域位于俄罗斯马亚克的西侧。

14. 夏克河（2019年3月5日）

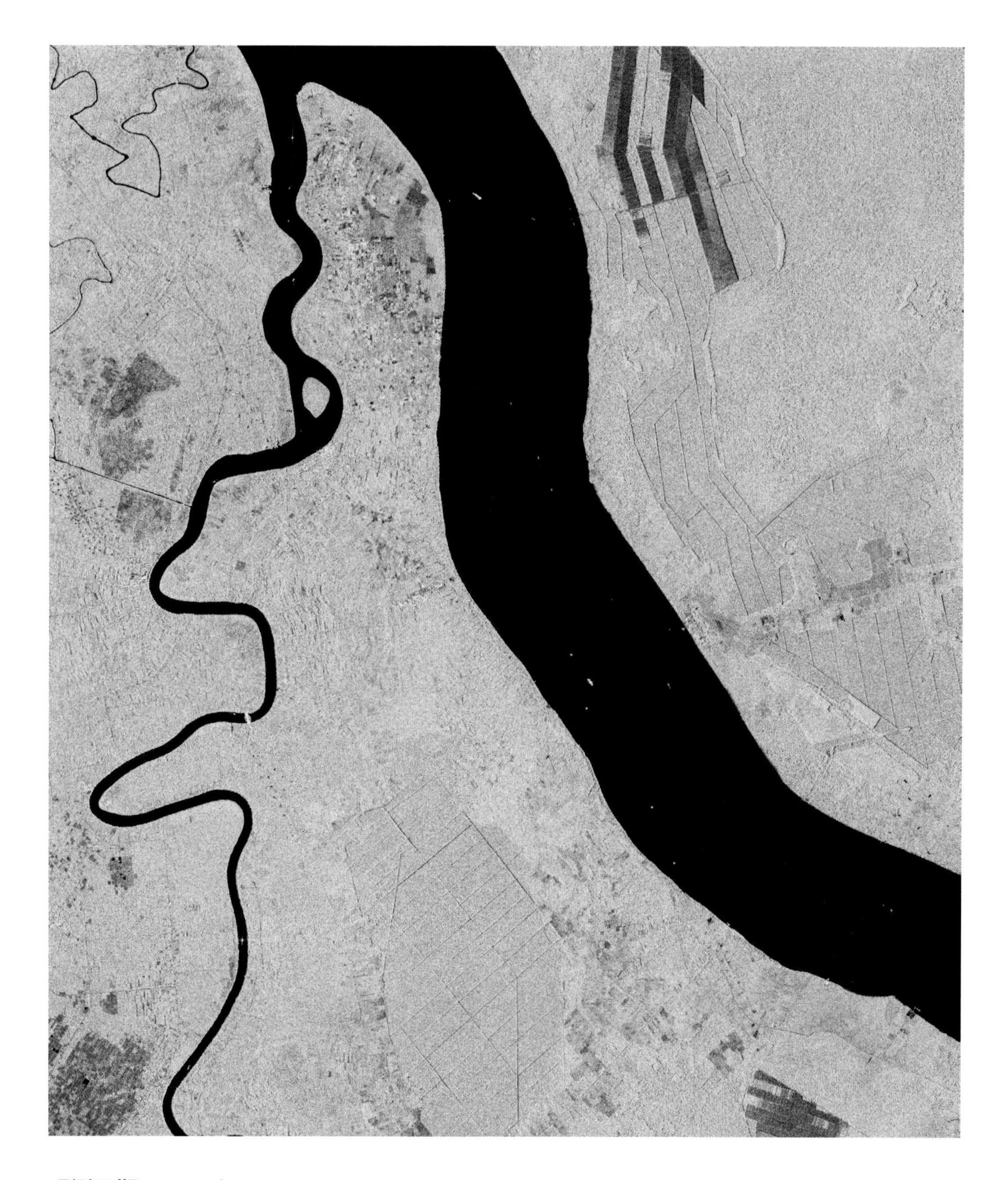

观测日期：2019 年 3 月 5 日。

中心点经纬度：1.1° N，102.2° E。

覆盖范围：宽（东西向）约 30.7 km，高（南北向）约 34.5 km。

数据源信息：高分三号卫星，全极化条带 1 成像模式数据；中心点入射角：36.2°。

图像处理过程：空间多视，去定向 Freeman 分解，伪彩色合成。

图像说明：图左侧较窄的河流为印度尼西亚的夏克河，右侧的大河与海洋相连，其中有多个船舶目标。

15. 湄公河（2019 年 3 月 5 日）

观测日期： 2019 年 3 月 5 日。
中心点经纬度： 16.0° N，105.3° E。
覆盖范围： 宽（东西向）约 30.6 km，高（南北向）约 34.4 km。
数据源信息： 高分三号卫星，全极化条带 1 成像模式数据；中心点入射角：36.3°。
图像处理过程： 空间多视，去定向 Freeman 分解，伪彩色合成。
图像说明： 泰国和老挝国界处的一段湄公河遥感图像。图中部湄公河南岸存在 3 处粉色人工建筑区域，其中左侧的建筑区域为泰国肯马拉。

16. 黑龙江一（2019 年 6 月 2 日）

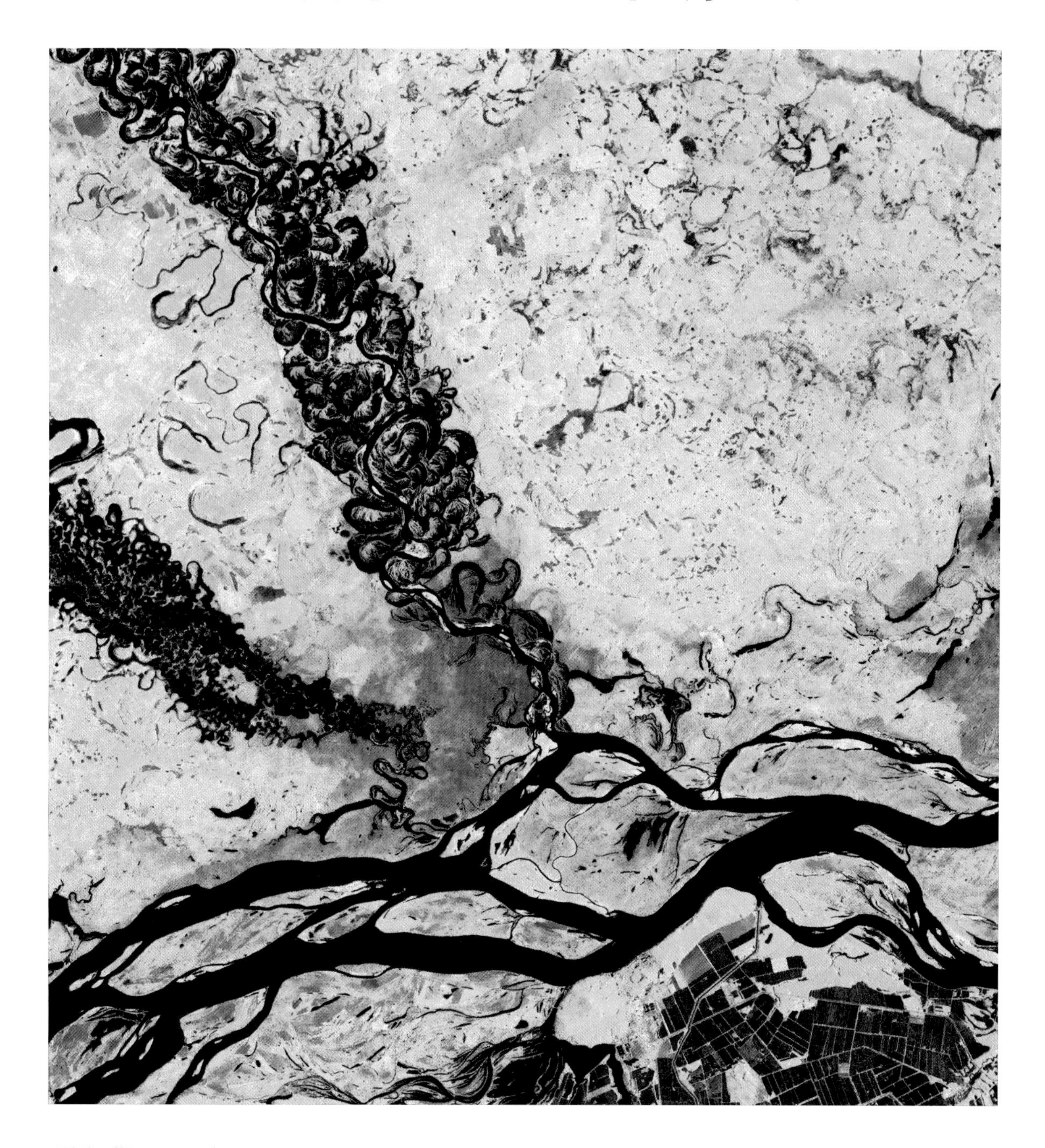

观测日期：2019 年 6 月 2 日。

中心点经纬度：48.2° N，133.3° E。

覆盖范围：宽（东西向）约 30.8 km，高（南北向）约 34.3 km。

数据源信息：高分三号卫星，全极化条带 1 成像模式数据；中心点入射角：36.0°。

图像处理过程：空间多视，非邻域极化滤波，反射对称分解，伪彩色合成。

图像说明：中国黑龙江省与俄罗斯犹太自治州交界处河流区域遥感图像。该河流为黑龙江与松花江汇合后的一段。

17. 阿穆尔河三（2019年6月7日）

观测日期： 2019 年 6 月 7 日。

中心点经纬度： 48.7° N，135.1° E。

覆盖范围： 宽（东西向）约 30.7 km，高（南北向）约 34.3 km。

数据源信息： 高分三号卫星，全极化条带 1 成像模式数据；中心点入射角：36.1°。

图像处理过程： 空间多视，去定向 Freeman 分解，伪彩色合成。

图像说明： 黑龙江流入俄罗斯境内称为阿穆尔河，向北注入鄂霍次克海。图中所示区域位于乌苏里江和黑龙江交汇处的东北方向俄罗斯境内，靠近中国边界。

18. 松花江（2019 年 10月5日）

观测日期：2019 年 10 月 5 日。

中心点经纬度：45.5° N，125.7° E。

覆盖范围：宽（东西向）约 30.8 km，高（南北向）约 34.3 km。

数据源信息：高分三号卫星，全极化条带 1 成像模式数据；中心点入射角：36.0°。

图像处理过程：空间多视，去定向 Freeman 分解，伪彩色合成。

图像说明：哈尔滨市西南方向与松原市中间的一段松花江遥感图像。松花江南北两岸可见大面积农田区域。

19. 结雅河（2019 年 10月10日）

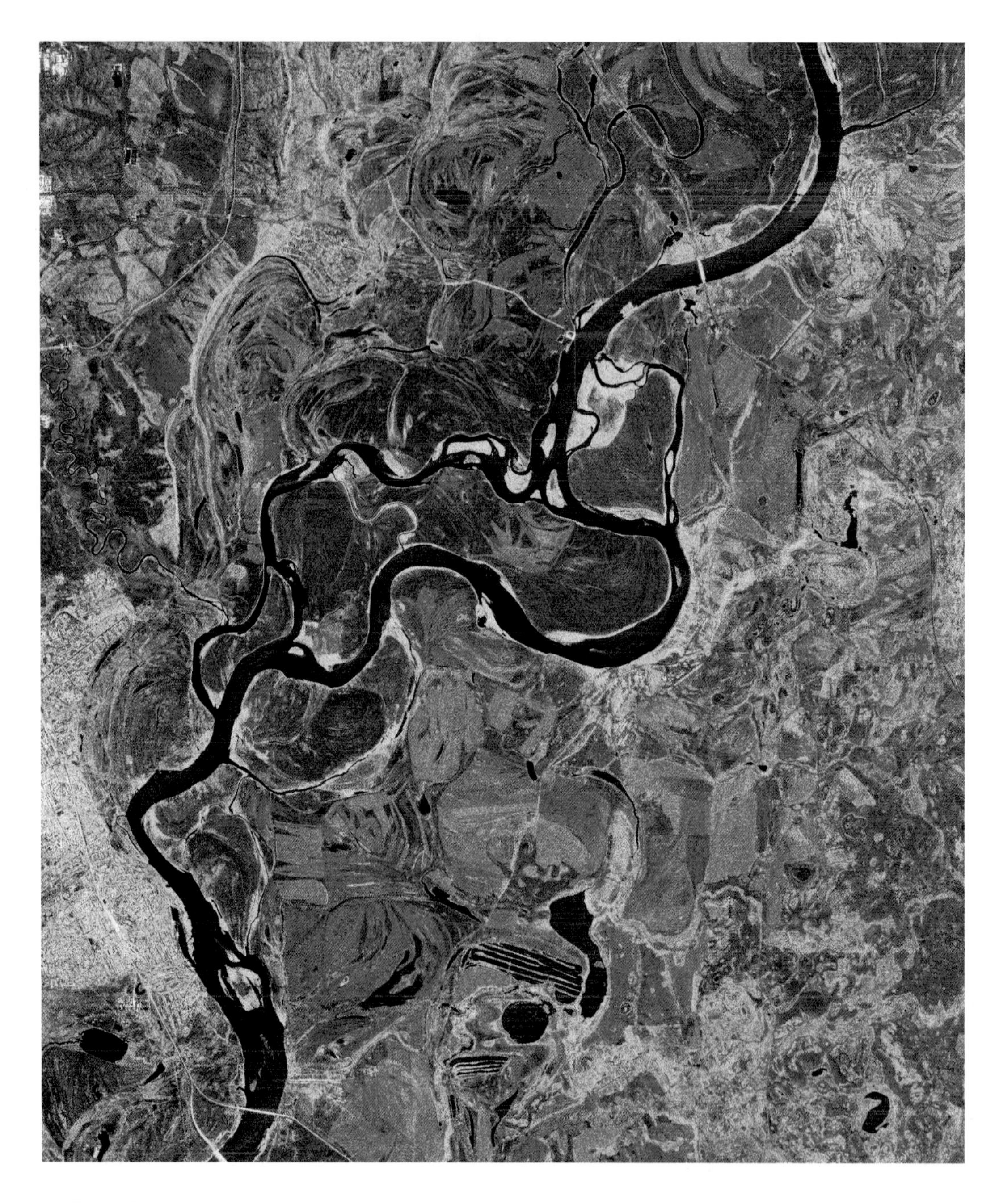

观测日期：2019 年 10 月 10 日。
中心点经纬度：51.4° N，128.3° E。
覆盖范围：宽（东西向）约 31.1 km，高（南北向）约 34.4 km。
数据源信息：高分三号卫星，全极化条带 1 成像模式数据；中心点入射角：35.7°。
图像处理过程：空间多视，去定向 Freeman 分解，伪彩色合成。
图像说明：俄罗斯结雅河在斯沃博德内东侧的一段，为黑龙江左岸最大支流。

20. 伊洛瓦底江（2019年10月10日）

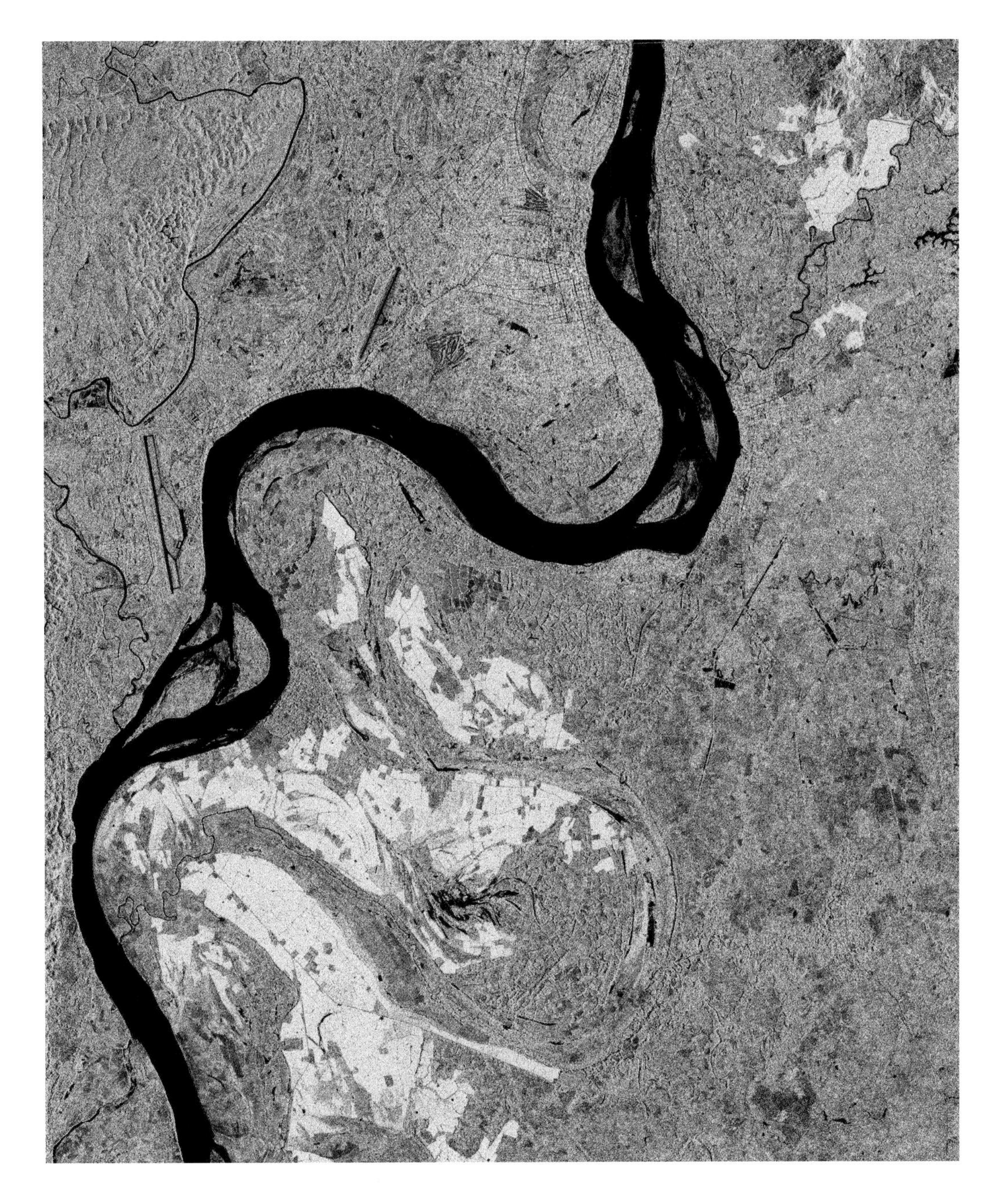

观测日期： 2019 年 10 月 10 日。

中心点经纬度： 25.3° N，97.4° E。

覆盖范围： 宽（东西向）约 21.6 km，高（南北向）约 24.2 km。

数据源信息： 高分三号卫星，全极化条带 1 成像模式数据；中心点入射角：38.7°。

图像处理过程： 空间多视，去定向 Freeman 分解，伪彩色合成。

图像说明： 伊洛瓦底江为缅甸境内第一大河，图上部中间河西岸的红黄色区域为缅甸密支那。

21. 黑龙江二（2019 年 10月15日）

观测日期： 2019 年 10 月 15 日。

中心点经纬度： 49.5° N，128.4° E。

覆盖范围： 宽（东西向）约 24.9 km，高（南北向）约 28.4 km。

数据源信息： 高分三号卫星，全极化条带 1 成像模式数据；中心点入射角：43.1°。

图像处理过程： 空间多视，去定向 Freeman 分解，伪彩色合成。

图像说明： 黑龙江逊克县境内河段遥感图像。图上部中间河流南岸的红黄色建筑区域即为逊克县城。黑龙江南岸存在大量农田。

22. 阿穆尔河四（2019 年 10月18日）

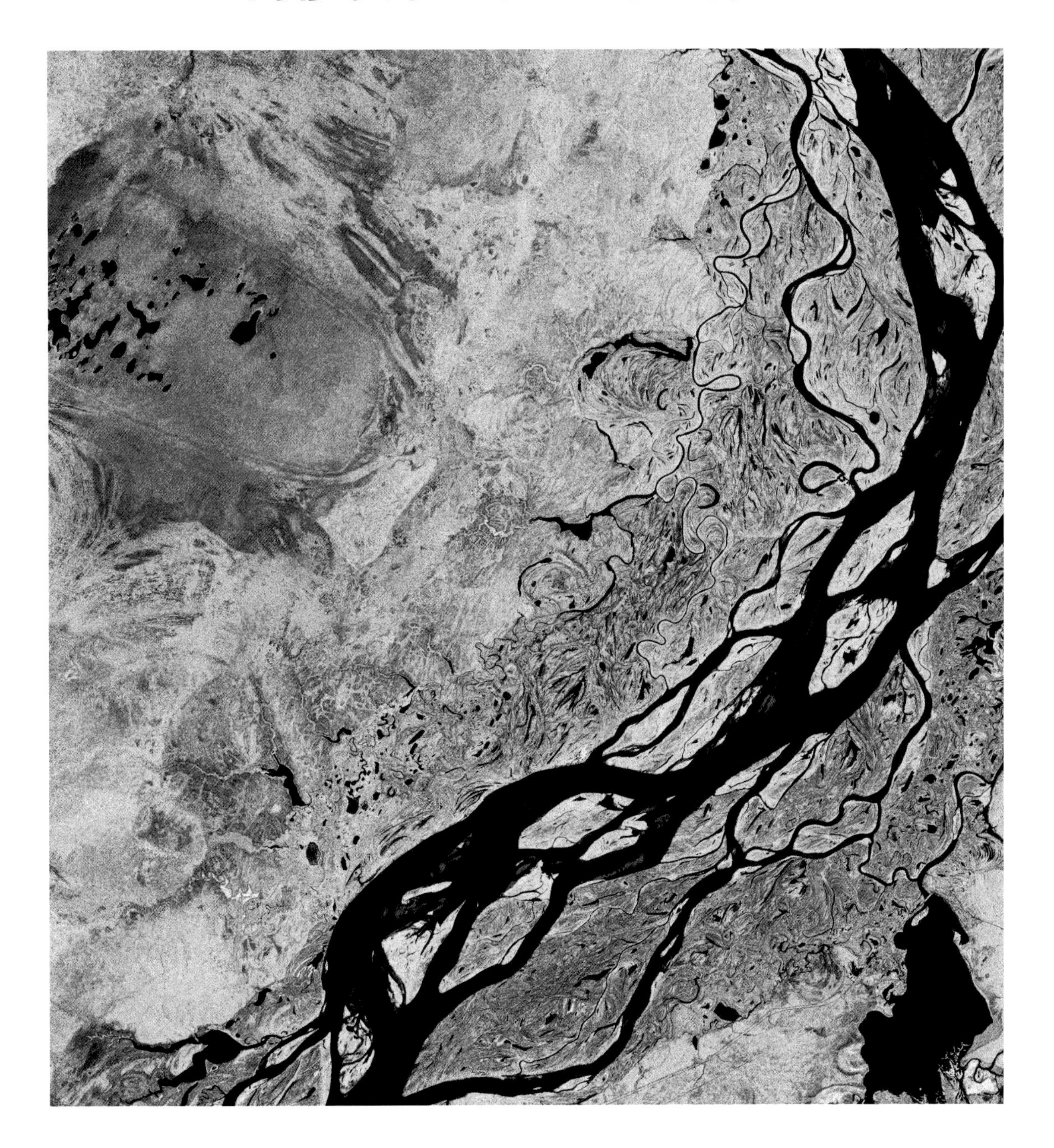

观测日期：2019 年 10 月 18 日。

中心点经纬度：49.0° N，136.1° E。

覆盖范围：宽（东西向）约 32.7 km，高（南北向）约 36.4 km。

数据源信息：高分三号卫星，全极化条带 1 成像模式数据；中心点入射角：36.2°。

图像处理过程：空间多视，去定向 Freeman 分解，伪彩色合成。

图像说明：黑龙江流入俄罗斯境内称为阿穆尔河，向北注入鄂霍次克海。图中所示区域为俄罗斯境内辛达西侧的一段。

23. 布拉马普特拉河三（2019年11月5日）

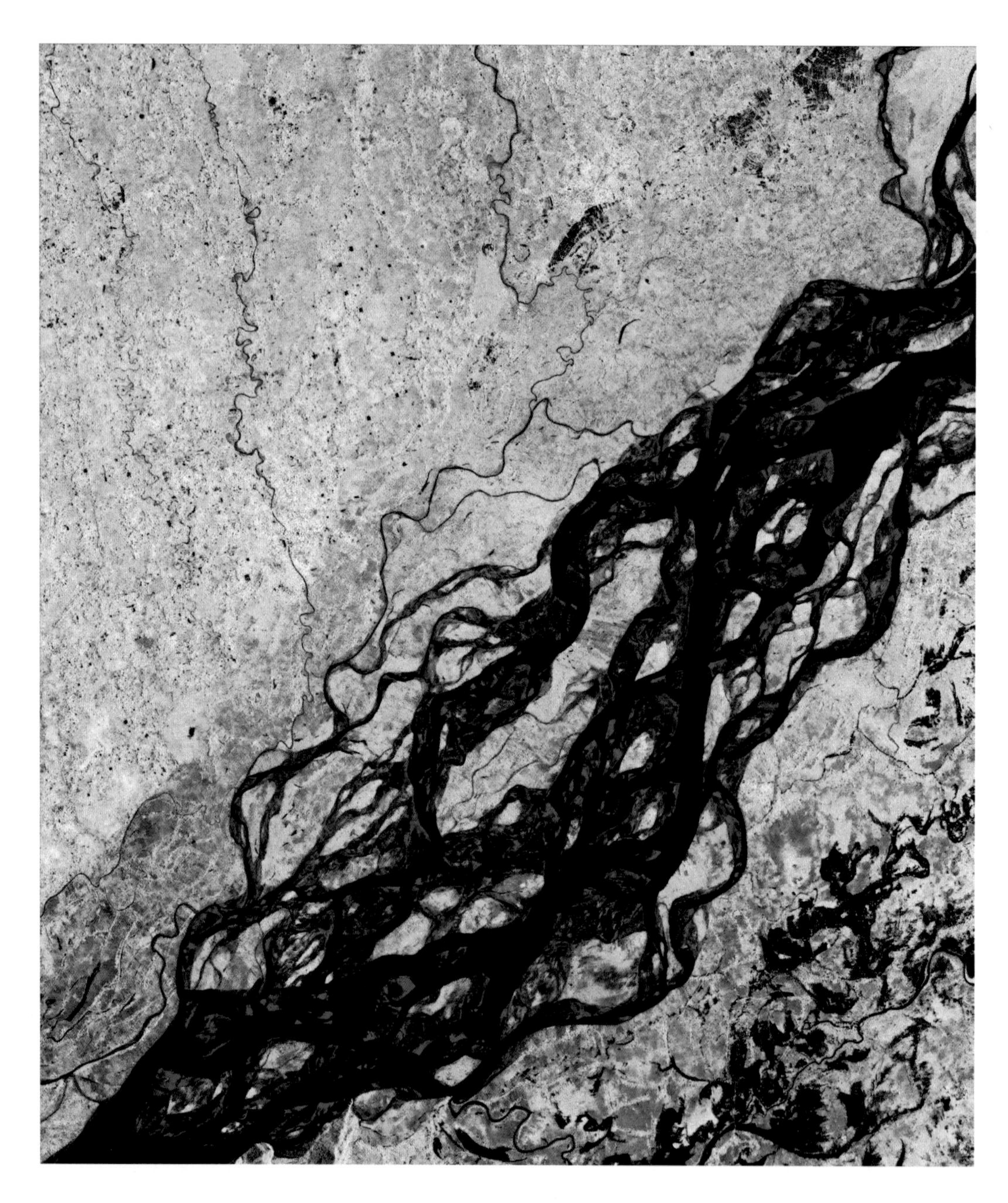

观测日期： 2019 年 11 月 5 日。

中心点经纬度： 26.4° N，92.1° E。

覆盖范围： 宽（东西向）约 31.0 km，高（南北向）约 34.4 km。

数据源信息： 高分三号卫星，全极化条带 1 成像模式数据；中心点入射角：35.8°。

图像处理过程： 空间多视，非邻域极化滤波，反射对称分解，伪彩色合成。

图像说明： 印度东北部、高哈蒂东北部的布拉马普特拉河中段遥感图像。布拉马普特拉河从高哈蒂下游转弯后称为贾木纳河，随后流入孟加拉国境内。

24. 阿穆尔河五（2019 年 11月9日）

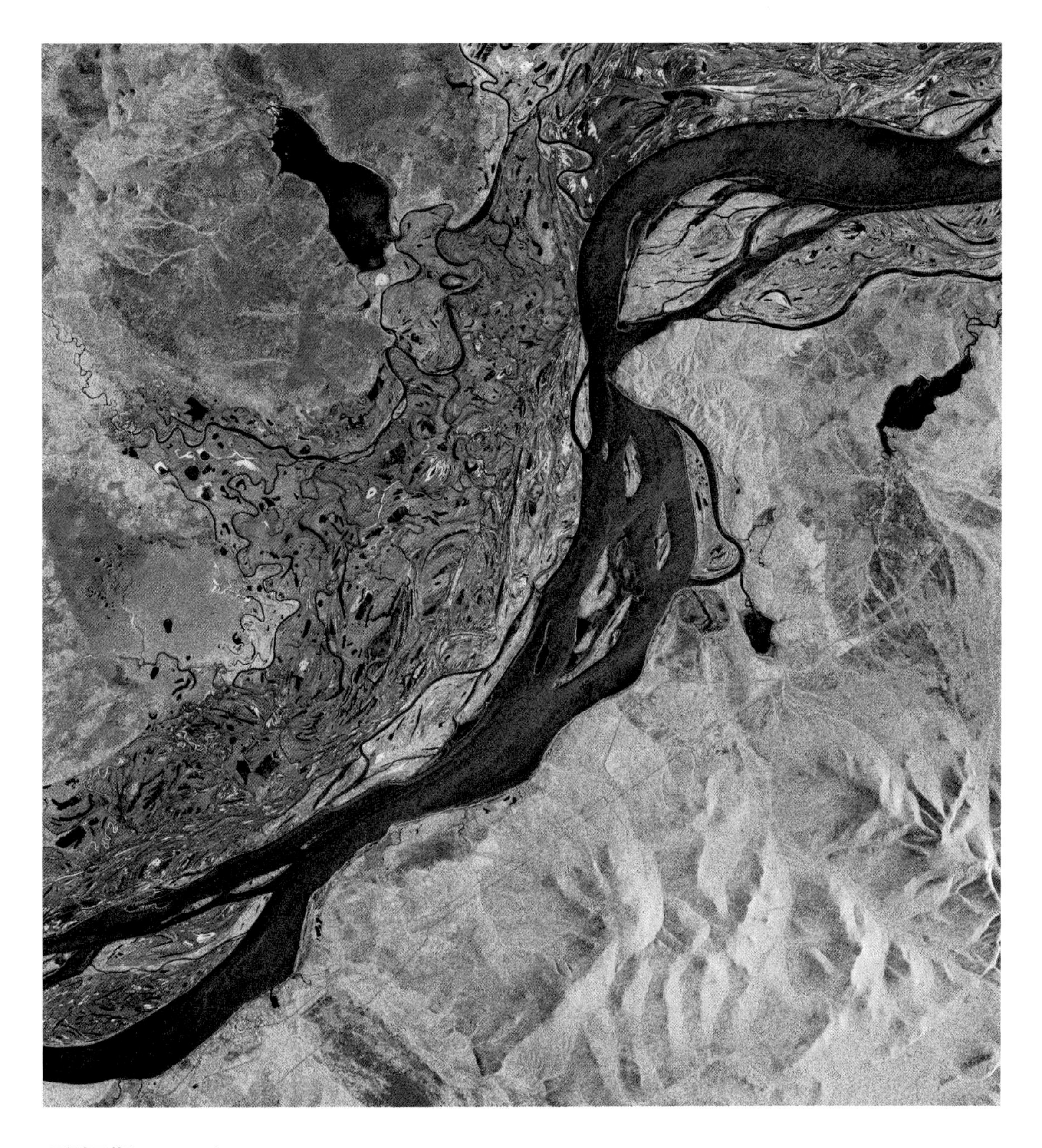

观测日期： 2019 年 11 月 9 日。

中心点经纬度： 51.5° N，139.4° E。

覆盖范围： 宽（东西向）约 30.9 km，高（南北向）约 34.3 km。

数据源信息： 高分三号卫星，全极化条带 1 成像模式数据；中心点入射角：36.0°。

图像处理过程： 空间多视，去定向 Freeman 分解，伪彩色合成。

图像说明： 黑龙江流入俄罗斯境内称为阿穆尔河，向北注入鄂霍次克海。图中所示区域为俄罗斯境内齐默尔曼诺夫卡（图左下角红色建筑区）北侧的一段。

25. 其他河流遥感图像

另两部图书中还有众多典型的河流遥感图像，这里仅按参考文献形式列出，感兴趣的读者可自行查阅。其中后边标注（典型）的为与本节已给出的河流类型均不相同的图像。

[1] 安文韬，林明森，谢春华，袁新哲，崔利民．高分三号卫星极化数据处理——产品与技术．北京：海洋出版社，2018.

12. 哈萨克斯坦锡尔河（2017 年 4 月 4 日）

29. 俄罗斯额尔齐斯河（2017 年 6 月 28 日）（典型）

[2] 安文韬，林明森，谢春华，袁新哲，崔利民．高分三号卫星极化数据处理——产品与典型地物分析．北京：海洋出版社，2019.

24. 俄罗斯鄂毕河支流（2018 年 3 月 15 日）

29. 巴西亚马孙河流域瓦里尼（2018 年 4 月 22 日）

41. 俄罗斯河流（2018 年 6 月 17 日）

52. 俄罗斯鄂毕河（2018 年 7 月 10 日）

68. 里海北岸哈萨克斯坦乌拉尔河（2018 年 9 月 12 日）

山 地

1. 厄尔布鲁士山（2017 年 6月9日）

观测日期：2017 年 6 月 9 日。

中心点经纬度：43.4° N，42.5° E。

覆盖范围：宽（东西向）约 27.1 km，高（南北向）约 34.3 km。

数据源信息：高分三号卫星，全极化条带 1 成像模式数据；中心点入射角：36.3°。

图像处理过程：空间多视，去定向 Freeman 分解，伪彩色合成。

图像说明：厄尔布鲁士山位于俄罗斯西南部大高加索山脉，为休眠火山，靠近格鲁吉亚。厄尔布鲁士山的最高峰是俄罗斯的最高点，也被认为是欧洲第一高山。最高峰海拔 5 642 m，常年被积雪覆盖，图中表现为黄绿色（迎坡偏绿，背坡偏黄）。其他低海拔山脉上的绿色是因为存在森林覆盖。

2. 哈萨克斯坦东部山地区域（2017年12月8日）

观测日期：2017 年 12 月 8 日。

中心点经纬度：44.4° N，78.8° E。

覆盖范围：宽（东西向）约 24.9 km，高（南北向）约 36.5 km。

数据源信息：高分三号卫星，全极化条带 1 成像模式数据；中心点入射角：36.4°。

图像处理过程：空间多视，非邻域极化滤波，反射对称分解，伪彩色合成。

图像说明：哈萨克斯坦东部，库加雷以东、巴斯希以北的山地区域。图中山地区域非常明显，其左上角为农田区域，右下角为融水冲刷裸地区域。

3. 云南横断山脉（2017 年 12月29日）

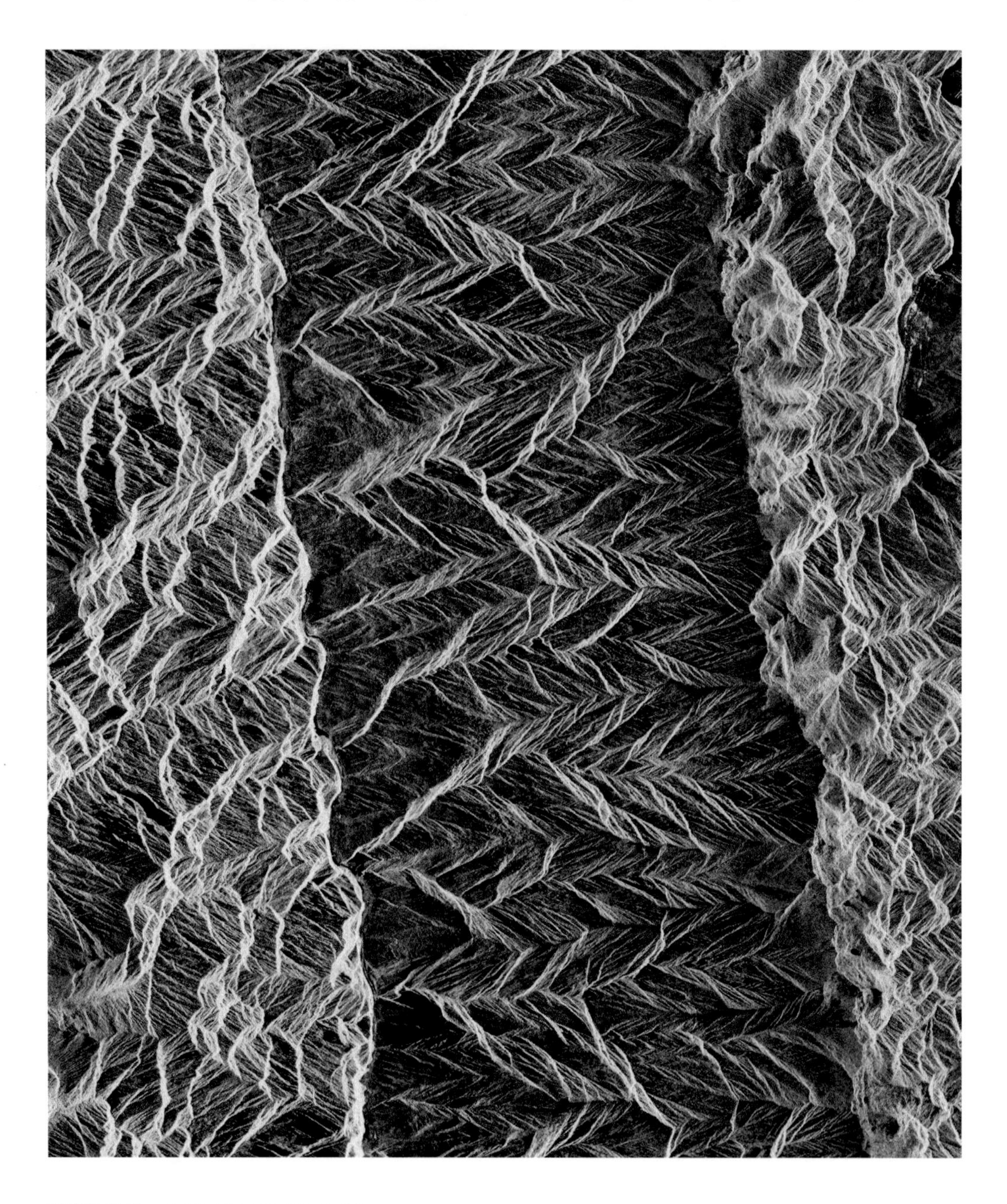

观测日期： 2017 年 12 月 29 日。

中心点经纬度： 26.5° N，99.0° E。

覆盖范围： 宽（东西向）约 30.4 km，高（南北向）约 34.4 km。

数据源信息： 高分三号卫星，全极化条带 1 成像模式数据；中心点入射角：36.2°。

图像处理过程： 空间多视，去定向 Freeman 分解，伪彩色合成。

图像说明： 云南靠近缅甸边界的横断山脉。图左侧由上至下的线性结构为怒江，古登乡位于图像下部的怒江沿岸。图右侧由上至下的线性结构为山脊，其上蓝色表示面散射较强证明植被较少。图中 SAR 图像特有的迎坡缩短背坡拉长现象十分明显。

4. 吉尔吉斯斯坦纳伦州山地区域（2018年7月16日）

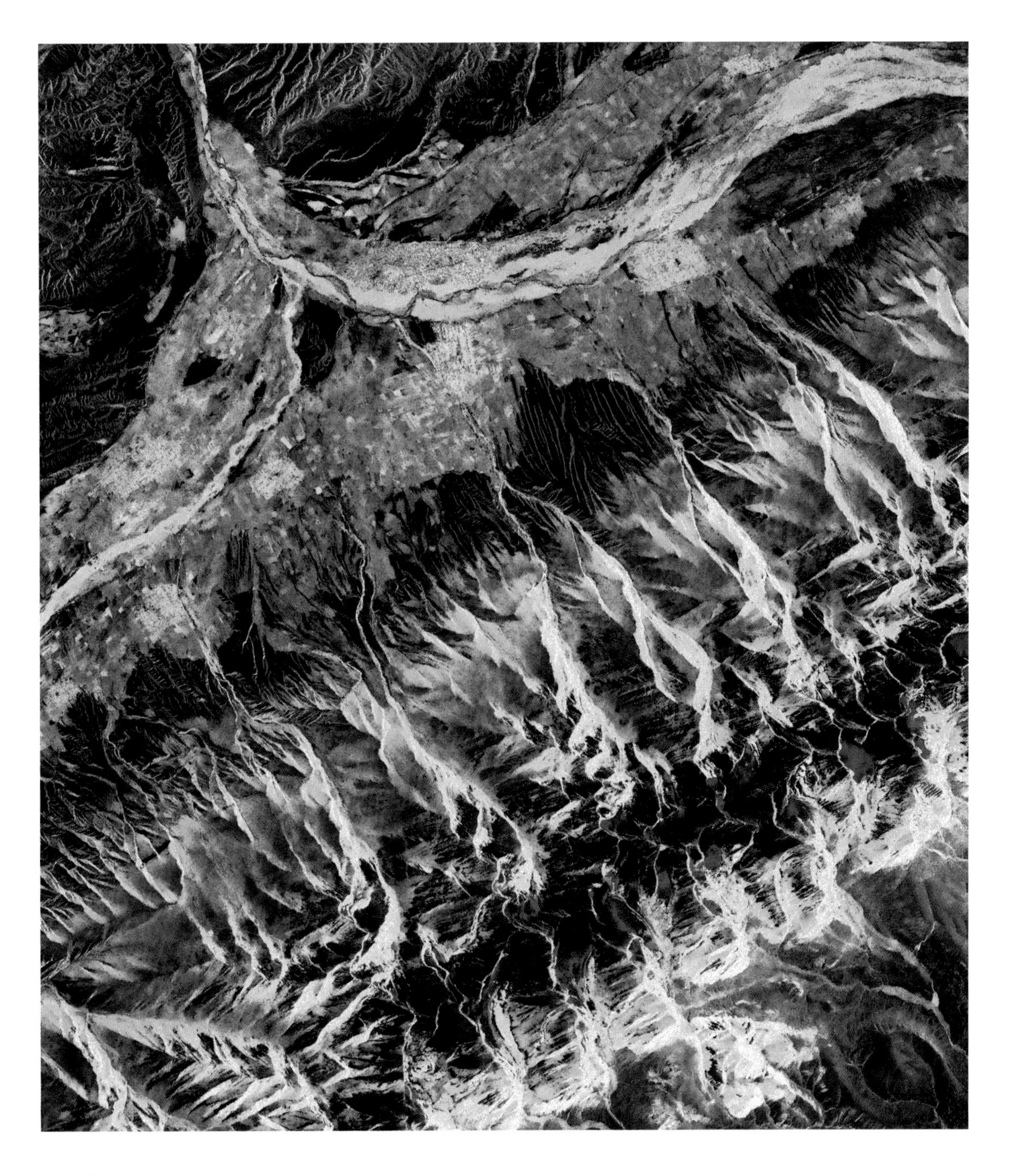

观测日期： 2018 年 7 月 16 日。

中心点经纬度： 41.1° N，75.9° E。

覆盖范围： 宽（东西向）约 31.9 km，高（南北向）约 35.4 km。

数据源信息： 高分三号卫星，全极化条带 1 成像模式数据；中心点入射角：34.6°。

图像处理过程： 空间多视，非邻域极化滤波，反射对称分解，伪彩色合成。

图像说明： 吉尔吉斯斯坦纳伦州山地区域。图上部中间的粉色区域为阿特巴希的人工建筑区域。图中山地顶部蓝色意味着裸地，山脚绿色表明存在植被覆盖。

5. 瑞士施维茨周边群山（2018 年 9 月 3 日）

观测日期： 2018 年 9 月 3 日。

中心点经纬度： 47.0° N，8.6° E。

覆盖范围： 宽（东西向）约 25.2 km，高（南北向）约 28.1 km。

数据源信息： 高分三号卫星，全极化条带 1 成像模式数据；中心点入射角：37.7°。

图像处理过程： 空间多视，非邻域极化滤波，反射对称分解，伪彩色合成。

图像说明： 图中部稍偏右下的平地区域即为瑞士施维茨。其右上有阴影的高山为大米藤山，右下高峰为弗罗纳尔普施托克山，左上为罗斯山，左侧为里吉山。左上角湖泊为楚格湖，上部中间为埃格里湖。

6. 西藏西部山地区域（2018年9月10日）

观测日期：2018 年 9 月 10 日。

中心点经纬度：33.1° N，79.4° E。

覆盖范围：宽（东西向）约 38.3 km，高（南北向）约 43.6 km。

数据源信息：高分三号卫星，全极化条带 1 成像模式数据；中心点入射角：28.3°。

图像处理过程：空间多视，去定向 Freeman 分解，伪彩色合成。

图像说明：西藏西部日土县西北部山地区域。图中绿色的山地区域为积雪区域，体散射较强。图像下部山地融水冲刷痕迹明显。

7. 新疆火焰山（2018 年 9月23日）

观测日期： 2018 年 9 月 23 日。
中心点经纬度： 42.9° N，89.7° E。
覆盖范围： 宽（东西向）约 30.7 km，高（南北向）约 34.3 km。
数据源信息： 高分三号卫星，全极化条带 1 成像模式数据；中心点入射角：36.2°。
图像处理过程： 空间多视，去定向 Freeman 分解，伪彩色合成。
图像说明： 火焰山位于新疆吐鲁番盆地的北缘，主要由侏罗纪、白垩纪和第三纪的赤红色砂、砾岩和泥岩组成。与火焰山荒山秃岭形成对比的是一条条穿过山体的沟谷，谷底大多有清泉，绿树成荫。

8. 祁连山脉局部（2019 年 1月24日）

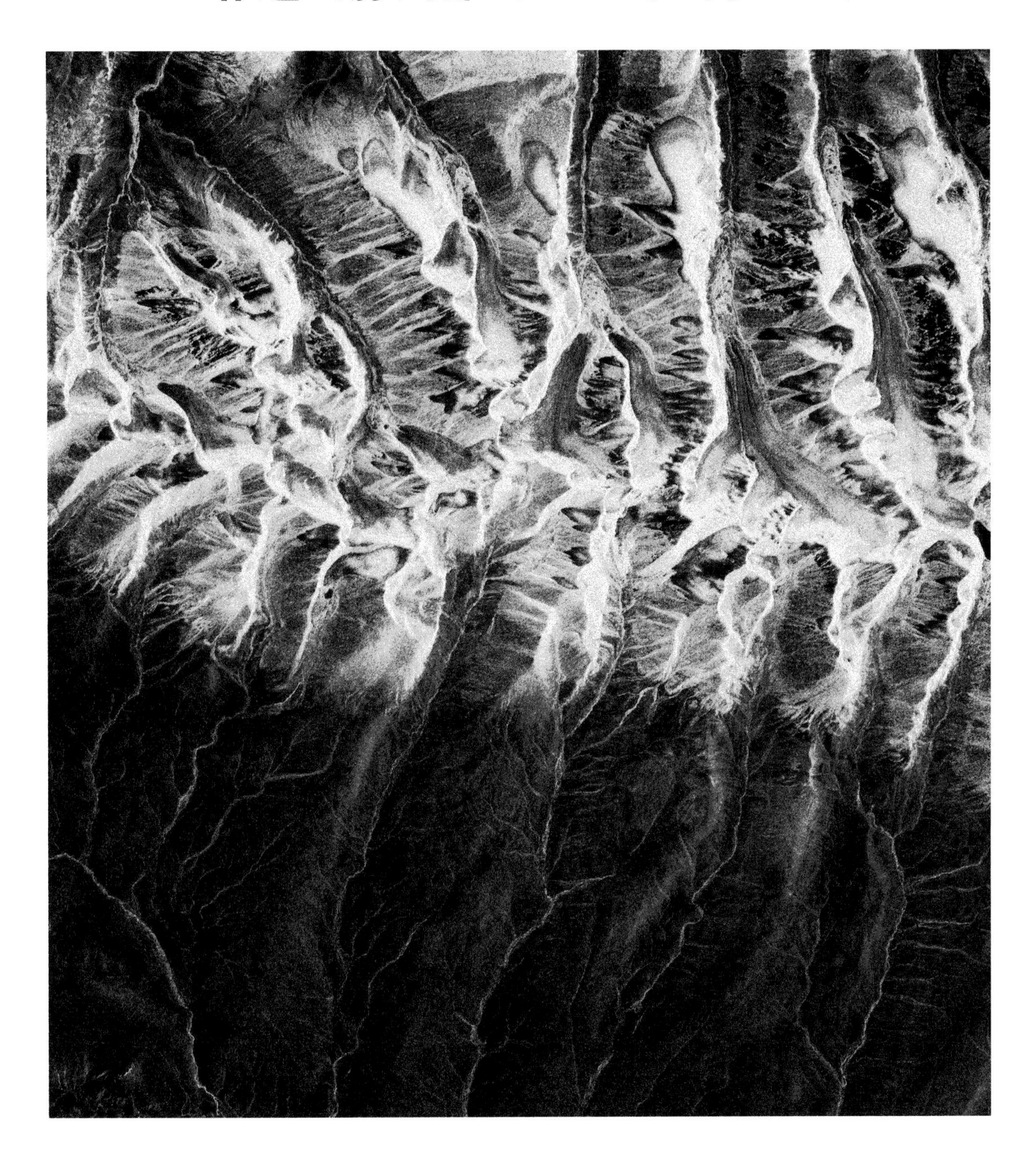

观测日期：2019 年 1 月 24 日。

中心点经纬度：38.1° N，96.2° E。

覆盖范围：宽（东西向）约 25.4 km，高（南北向）约 28.2 km。

数据源信息：高分三号卫星，全极化条带 1 成像模式数据；中心点入射角：37.4°。

图像处理过程：空间多视，去定向 Freeman 分解，伪彩色合成。

图像说明：位于甘肃与青海交界区域的山脉局部，隶属于祁连山脉。山体海拔较高地方常年积雪，积雪在 SAR 观测时会表现为较多体散射，因此在图像上表现为黄绿色。海拔较低的地方常年受雪山融水冲刷，表现为较平坦的裸地，面散射占主要成分。

9. 新疆加曼喀尔套山地区域（2019年1月28日）

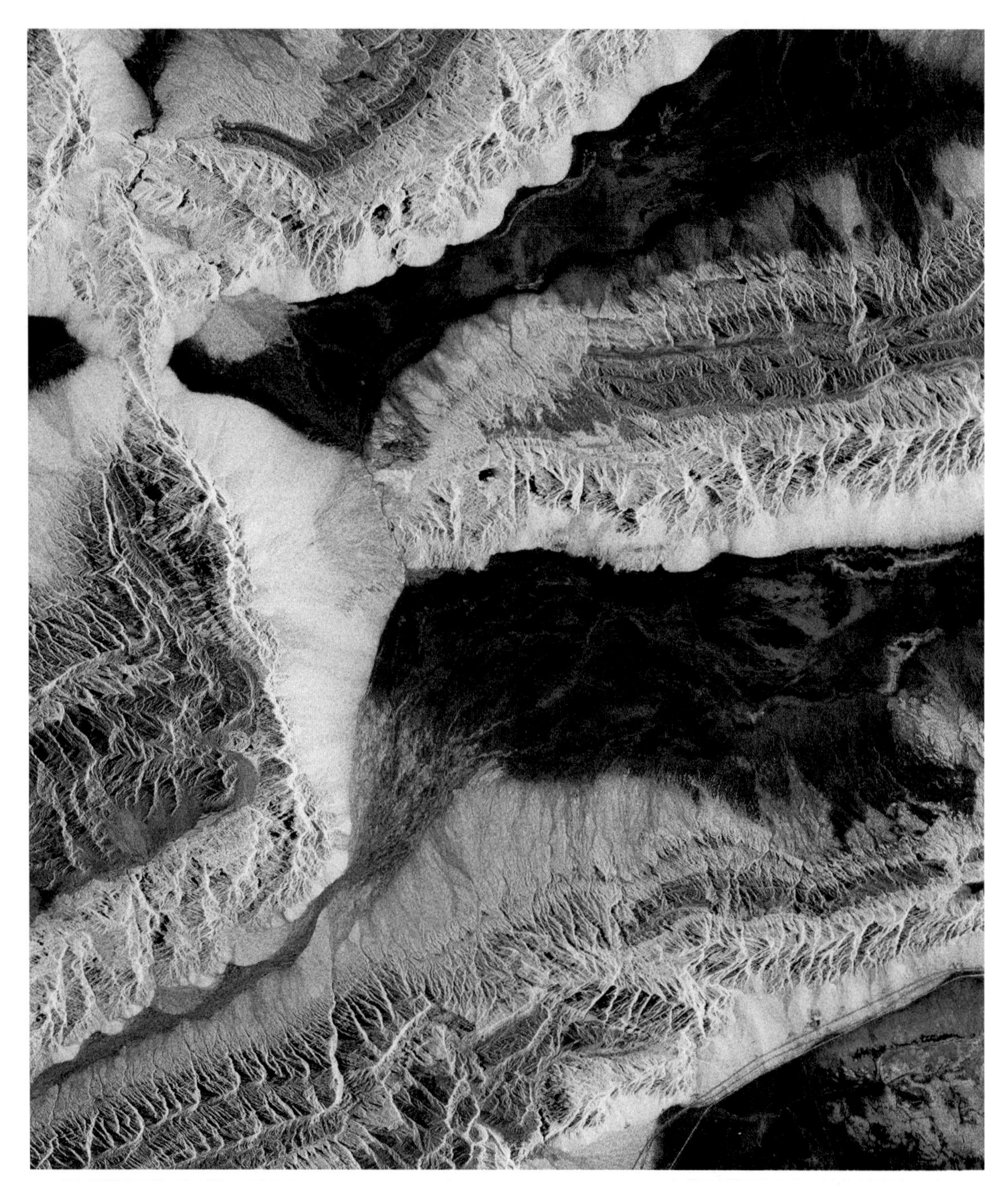

观测日期：2019 年 1 月 28 日。

中心点经纬度：40.0° N，77.8° E。

覆盖范围：宽（东西向）约 30.7 km，高（南北向）约 34.3 km。

数据源信息：高分三号卫星，全极化条带 1 成像模式数据；中心点入射角：36.2°。

图像处理过程：空间多视，去定向 Freeman 分解，伪彩色合成。

图像说明：新疆西部的加曼喀尔套山地区域图像。

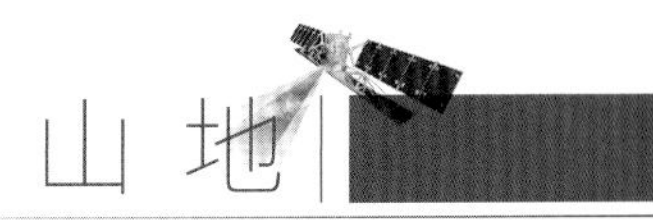

10. 科古尔琴山（2019年2月19日）

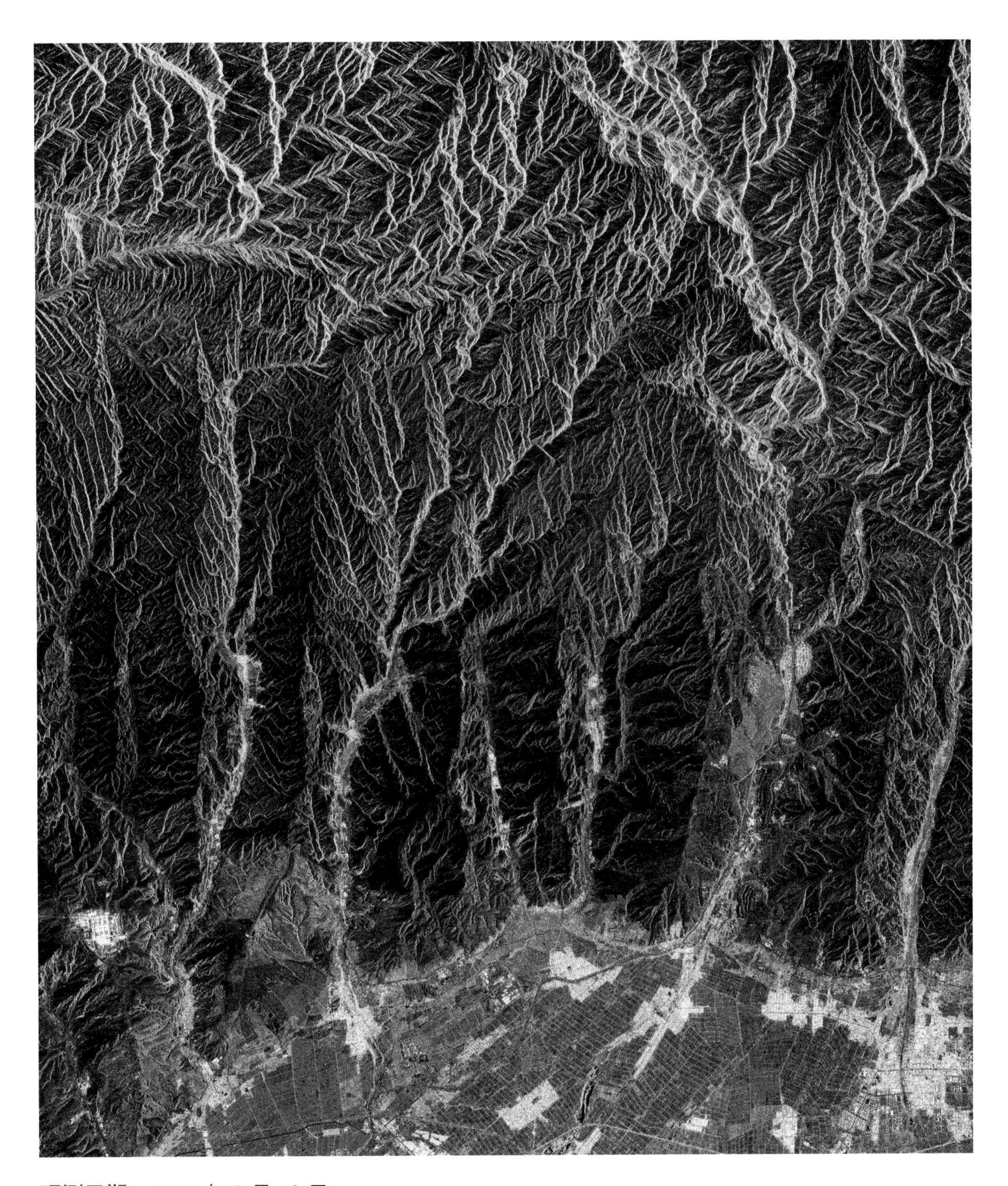

观测日期： 2019 年 2 月 19 日。

中心点经纬度： 44.1° N，81.4° E。

覆盖范围： 宽（东西向）约 30.7 km，高（南北向）约 34.3 km。

数据源信息： 高分三号卫星，全极化条带 1 成像模式数据；中心点入射角：36.2°。

图像处理过程： 空间多视，去定向 Freeman 分解，伪彩色合成。

图像说明： 新疆伊宁市北部的科古尔琴山遥感图像。图中右下角粉红色区域为伊宁市伊宁县。科古尔琴山为天山支脉，图上部山脉上存在一定植被。

11. 新疆西部山地（2019 年 2月21日）

观测日期： 2019 年 2 月 21 日。

中心点经纬度： 37.1° N，75.5° E。

覆盖范围： 宽（东西向）约 30.7 km，高（南北向）约 34.4 km。

数据源信息： 高分三号卫星，全极化条带 1 成像模式数据；中心点入射角：36.2°。

图像处理过程： 空间多视，去定向 Freeman 分解，伪彩色合成。

图像说明： 新疆达布达尔乡南部山地遥感图像。图中山顶呈现黄绿色，推测存在一定积雪。河谷区域呈现蓝色表面，面散射占主导地位，其中存在人类建筑的地物特征。

12. 西藏日土县北部山地（2019年3月8日）

观测日期：2019 年 3 月 8 日。

中心点经纬度：33.2° N，79.7° E。

覆盖范围：宽（东西向）约 30.3 km，高（南北向）约 34.4 km。

数据源信息：高分三号卫星，全极化条带 1 成像模式数据；中心点入射角：36.8°。

图像处理过程：空间多视，去定向 Freeman 分解，伪彩色合成。

图像说明：西藏日土县北部山地区域图像。

13. 四川北部山地（2019 年 8 月 30 日）

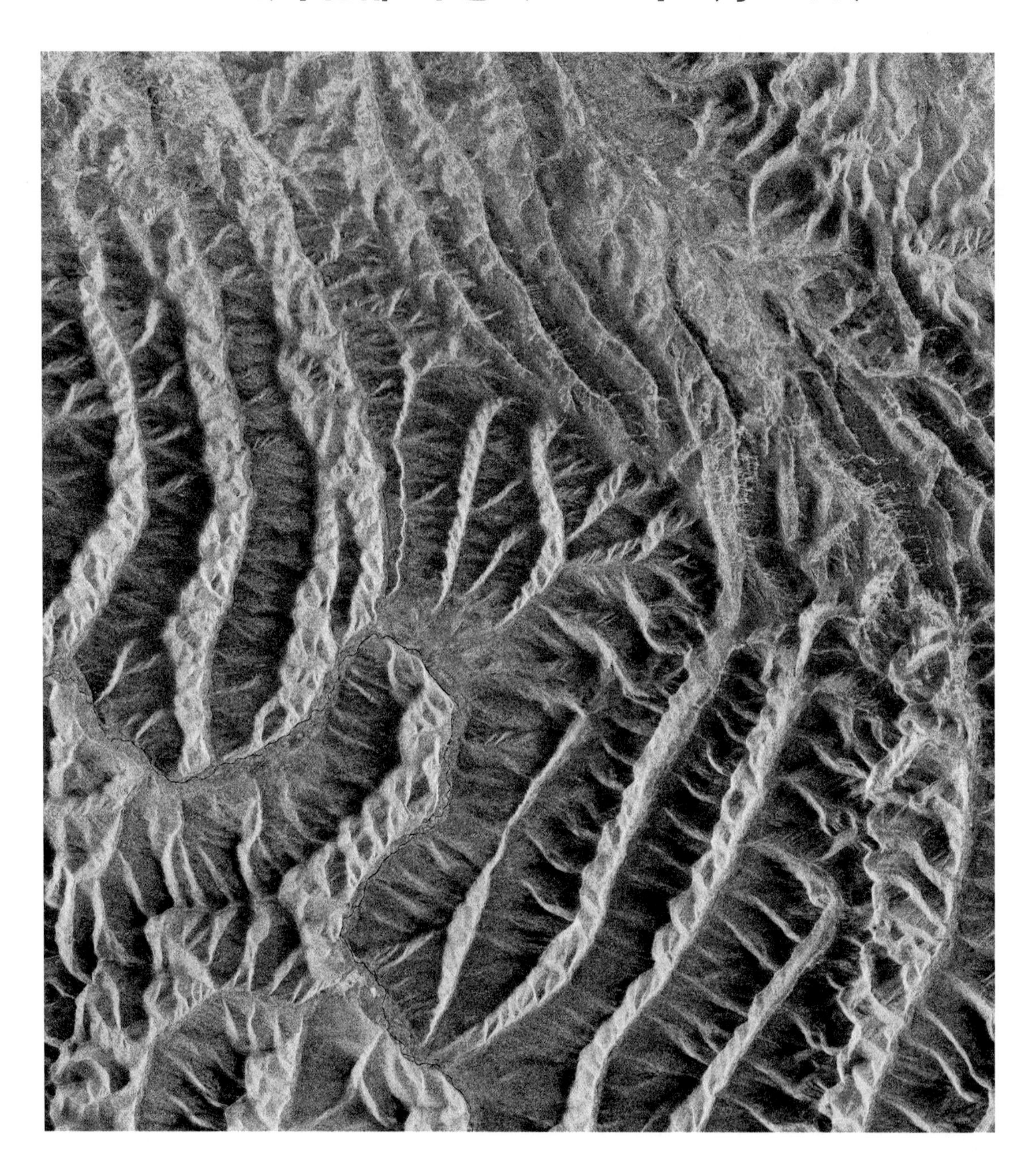

观测日期：2019 年 8 月 30 日。

中心点经纬度：32.6° N，99.6° E。

覆盖范围：宽（东西向）约 22.8 km，高（南北向）约 25.8 km。

数据源信息：高分三号卫星，全极化条带 1 成像模式数据；中心点入射角：40.0°。

图像处理过程：空间多视，去定向 Freeman 分解，伪彩色合成。

图像说明：四川北部靠近与青海交界的山地区域。图中山体呈现一定绿色表明有植被覆盖，左下角峡谷中有河流地物特征。

14. 尼泊尔喜马拉雅山南坡（2019年11月29日）

观测日期： 2019 年 11 月 29 日。

中心点经纬度： 33.2° N，79.7° E。

覆盖范围： 宽（东西向）约 38.3 km，高（南北向）约 42.9 km。

数据源信息： 高分三号卫星，全极化条带 1 成像模式数据；中心点入射角：23.8°。

图像处理过程： 空间多视，去定向 Freeman 分解，伪彩色合成。

图像说明： 尼泊尔境内喜马拉雅山南坡遥感图像。图上黄绿色对应高山积雪区域，其北部有蓝色条纹状地物特征，推测为冰川侵蚀痕迹。

15. 蒙古国西部山地（2019 年 11 月 29 日）

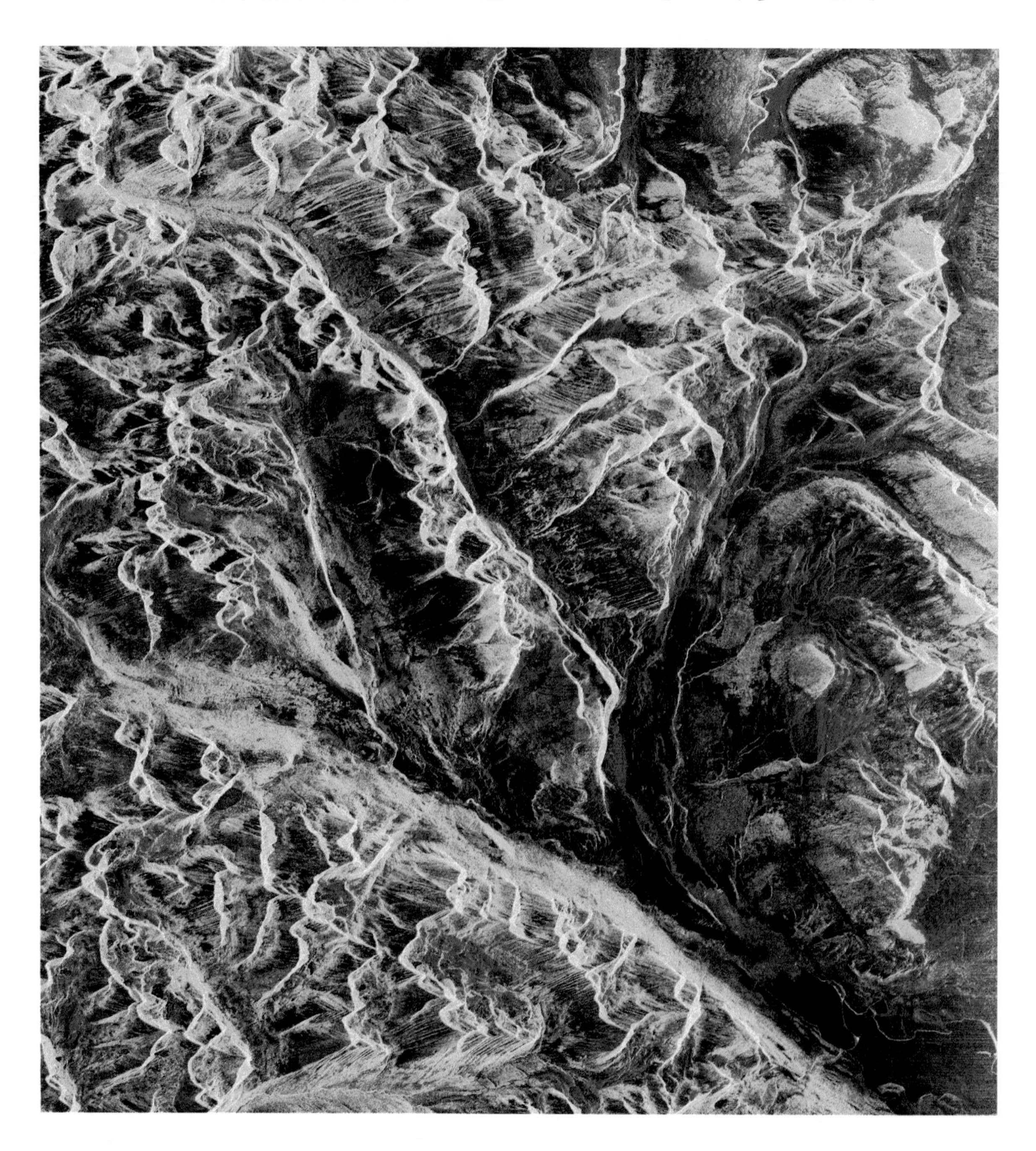

观测日期： 2019 年 11 月 29 日。

中心点经纬度： 48.9° N，88.2° E。

覆盖范围： 宽（东西向）约 40.3 km，高（南北向）约 42.8 km。

数据源信息： 高分三号卫星，全极化条带 1 成像模式数据；中心点入射角：22.5°。

图像处理过程： 空间多视，去定向 Freeman 分解，伪彩色合成。

图像说明： 蒙古国最西部，与我国新疆接壤的山地区域遥感图像。

16. 其他山地遥感图像

另两部图书中还有众多典型的山地遥感图像，这里仅按参考文献形式列出，感兴趣的读者可自行查阅。其中后边标注（典型）的为与本节已给出的山地类型均不相同的图像。

[1] 安文韬 , 林明森 , 谢春华 , 袁新哲 , 崔利民 . 高分三号卫星极化数据处理——产品与技术 . 北京 : 海洋出版社 , 2018.

14. 长白山（2017 年 4 月 5 日）
25. 日本富士山（2017 年 6 月 3 日）
27. 俄罗斯东部环形山（2017 年 6 月 20 日）
42. 巴基斯坦山地区域（2017 年 9 月 24 日）（典型）

[2] 安文韬 , 林明森 , 谢春华 , 袁新哲 , 崔利民 . 高分三号卫星极化数据处理——产品与典型地物分析 . 北京 : 海洋出版社 , 2019.

23. 阿富汗山地区域（2018 年 3 月 14 日）
46. 土耳其阿勒山（2018 年 7 月 1 日）
79. 新疆维吾尔自治区博斯坦乡（2018 年 10 月 31 日）（典型）
87. 青海省西部雪山和胡泊（2018 年 12 月 16 日）

沙　漠

1. 撒哈拉沙漠局部一（2017 年 7 月 5 日）

观测日期： 2017 年 7 月 5 日。
中心点经纬度： 32.8° N，9.0° E。
覆盖范围： 宽（东西向）约 29.8 km，高（南北向）约 34.4 km。
数据源信息： 高分三号卫星，全极化条带 2 成像模式数据；中心点入射角：36.2°。
图像处理过程： 空间多视，去定向 Freeman 分解，伪彩色合成。
图像说明： 突尼斯西部，撒哈拉沙漠北缘图像。

2. 撒哈拉沙漠局部二（2017年7月5日）

观测日期：2017 年 7 月 5 日。
中心点经纬度：30.3° N，8.4° E。
覆盖范围：宽（东西向）约 30.4 km，高（南北向）约 34.4 km。
数据源信息：高分三号卫星，全极化条带 2 成像模式数据；中心点入射角：36.2°。
图像处理过程：空间多视，去定向 Freeman 分解，伪彩色合成。
图像说明：阿尔及利亚东部的撒哈拉沙漠典型地貌图像。

3. 撒哈拉沙漠局部三（2017年7月13日）

观测日期： 2017 年 7 月 13 日。

中心点经纬度： 18.6° N，14.1° E。

覆盖范围： 宽（东西向）约 21.4 km，高（南北向）约 24.3 km。

数据源信息： 高分三号卫星，全极化条带 2 成像模式数据；中心点入射角：39.1°。

图像处理过程： 空间多视，去定向 Freeman 分解，伪彩色合成。

图像说明： 尼日尔东部的撒哈拉沙漠区域，图中沙漠纹理特征十分明显。

4. 撒哈拉沙漠局部四（2017 年 10月24日）

观测日期：2017 年 10 月 24 日。

中心点经纬度：17.4° N，11.5° E。

覆盖范围：宽（东西向）约 42.9 km，高（南北向）约 47.3 km。

数据源信息：高分三号卫星，全极化条带 2 成像模式数据；中心点入射角：24.1°。

图像处理过程：空间多视，去定向 Freeman 分解，伪彩色合成。

图像说明：撒哈拉沙漠南缘，尼日尔中部法希区域沙漠。图像左上部与右下部沙漠纹理走向几乎垂直，地貌独特，成因有待调查。

5. 塔克拉玛干沙漠局部一（2018 年 2 月 17 日）

观测日期：2018 年 2 月 17 日。

中心点经纬度：40.2° N，83.4° E。

覆盖范围：宽（东西向）约 22.6 km，高（南北向）约 26.5 km。

数据源信息：高分三号卫星，全极化条带 1 成像模式数据；中心点入射角：38.3°。

图像处理过程：空间多视，去定向 Freeman 分解，伪彩色合成。

图像说明：新疆塔克拉玛干沙漠北部地貌图像。沙漠以面散射为主，因此图像整体呈现蓝色。

6. 塔克拉玛干沙漠局部二（2019年1月26日）

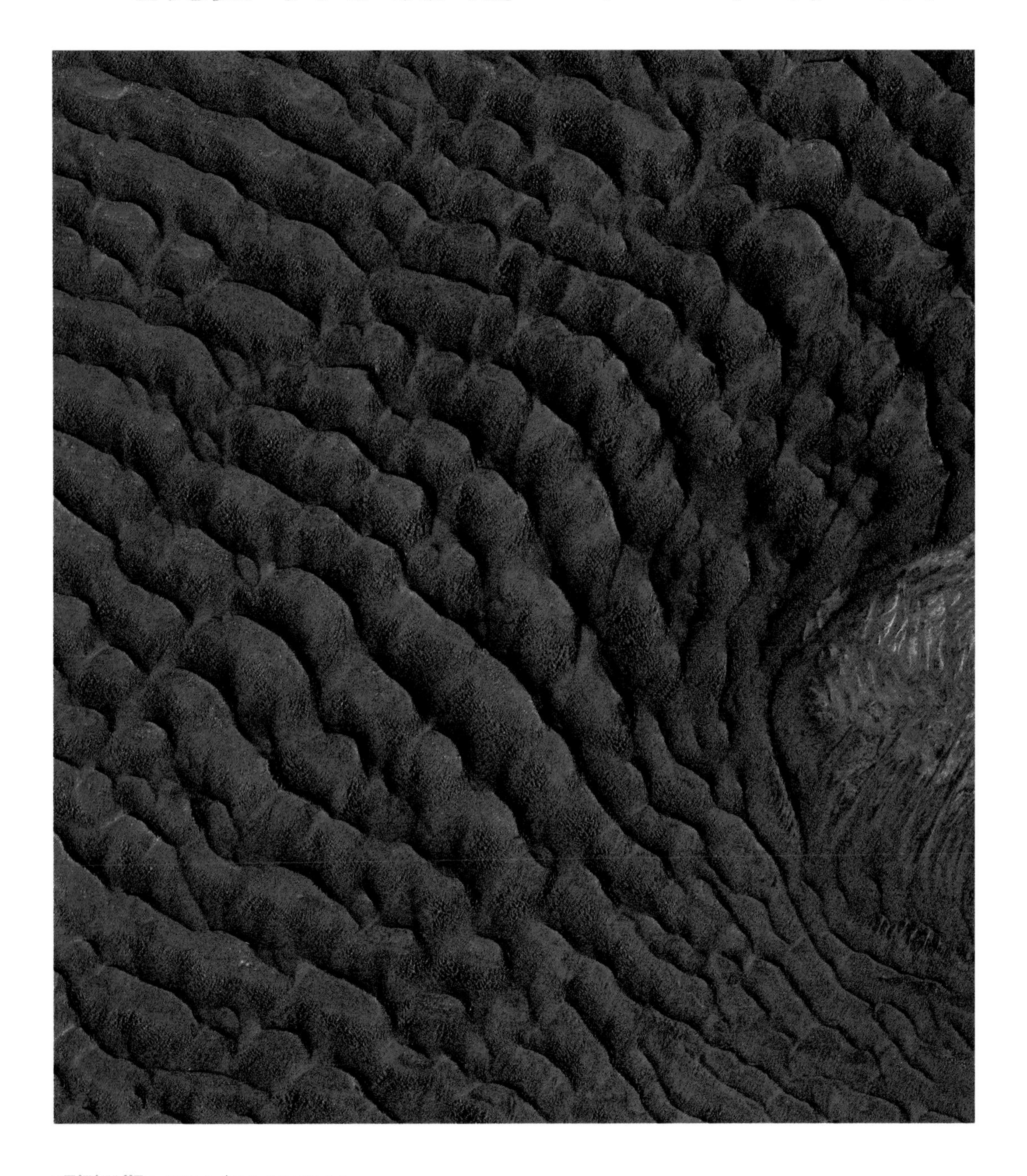

观测日期：2019 年 1 月 26 日。

中心点经纬度：37.7° N，81.9° E。

覆盖范围：宽（东西向）约 31.8 km，高（南北向）约 35.4 km。

数据源信息：高分三号卫星，全极化条带 1 成像模式数据；中心点入射角：34.7°。

图像处理过程：空间多视，去定向 Freeman 分解，伪彩色合成。

图像说明：塔克拉玛干沙漠局部区域图像，位于塔克拉玛干沙漠西部。沙漠以面散射为主，因此图像整体呈现蓝色。图中可以看到两种沙漠地貌类型。

7. 塔克拉玛干沙漠局部三（2019 年 1 月 26 日）

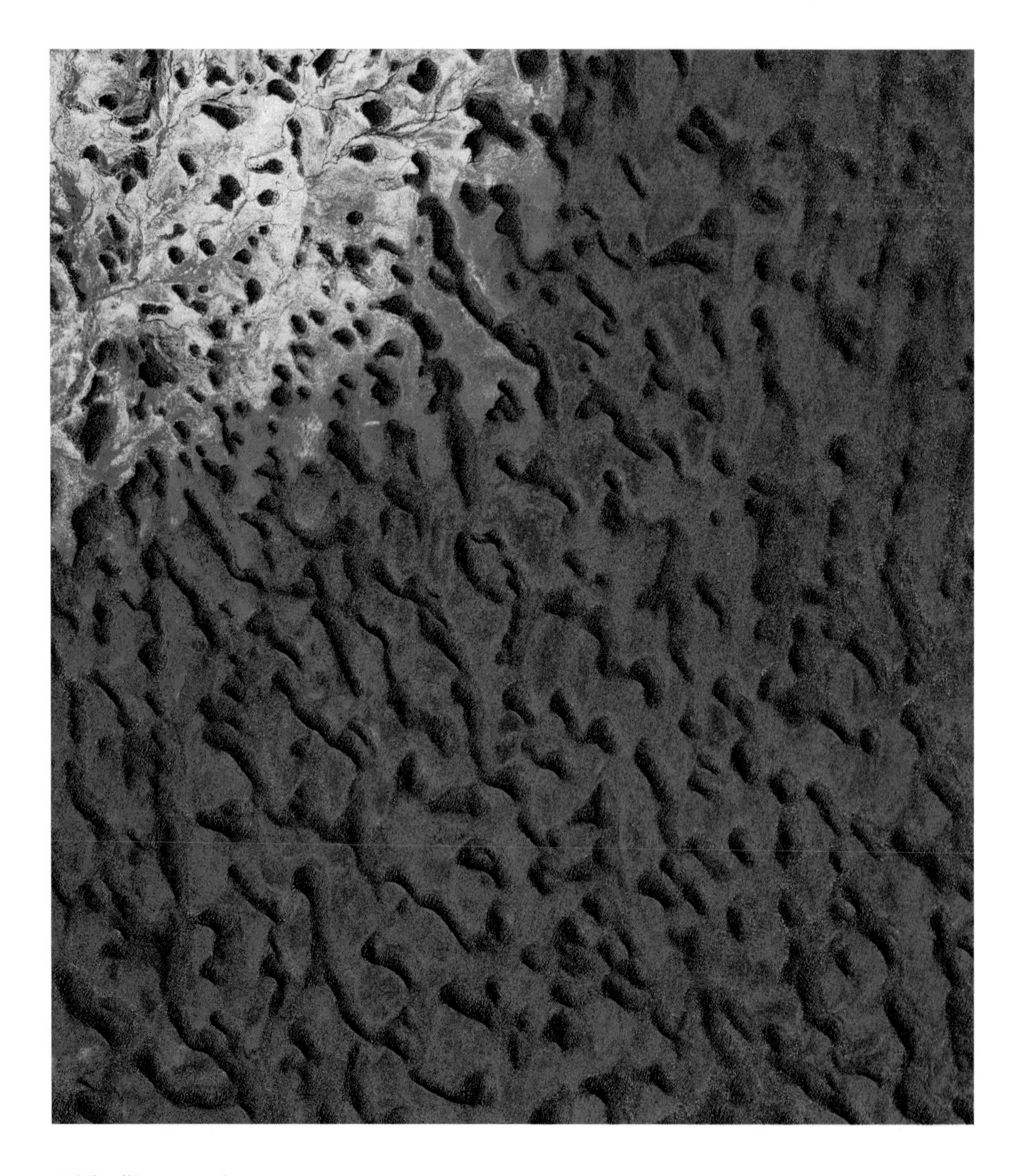

观测日期： 2019 年 1 月 26 日。

中心点经纬度： 38.2° N，82.0° E。

覆盖范围： 宽（东西向）约 31.8 km，高（南北向）约 35.4 km。

数据源信息： 高分三号卫星，全极化条带 1 成像模式数据；中心点入射角：34.7°。

图像处理过程： 空间多视，去定向 Freeman 分解，伪彩色合成。

图像说明： 塔克拉玛干沙漠中部图像。图左上角为沙漠绿洲区域。

8. 塔克拉玛干沙漠局部四（2019年1月31日）

观测日期： 2019 年 1 月 31 日。

中心点经纬度： 39.8° N，86.2° E。

覆盖范围： 宽（东西向）约 40.0 km，高（南北向）约 42.8 km。

数据源信息： 高分三号卫星，全极化条带 1 成像模式数据；中心点入射角：22.7°。

图像处理过程： 空间多视，去定向 Freeman 分解，伪彩色合成。

图像说明： 塔克拉玛干沙漠局部区域图像，位于塔克拉玛干沙漠中部。沙漠以面散射为主，因此图像整体呈现蓝色。

9. 塔克拉玛干沙漠局部五（2019 年 3月6日）

观测日期： 2019 年 3 月 6 日。

中心点经纬度： 40.3° N，85.6° E。

覆盖范围： 宽（东西向）约 30.7 km，高（南北向）约 34.3 km。

数据源信息： 高分三号卫星，全极化条带 1 成像模式数据；中心点入射角：36.2°。

图像处理过程： 空间多视，去定向 Freeman 分解，伪彩色合成。

图像说明： 塔克拉玛干沙漠局部区域图像，位于塔克拉玛干沙漠中东部。沙漠以面散射为主，因此图像整体呈现蓝色。其中的小块黑斑推测为水渍残留。

10. 塔克拉玛干沙漠局部六（2019年3月11日）

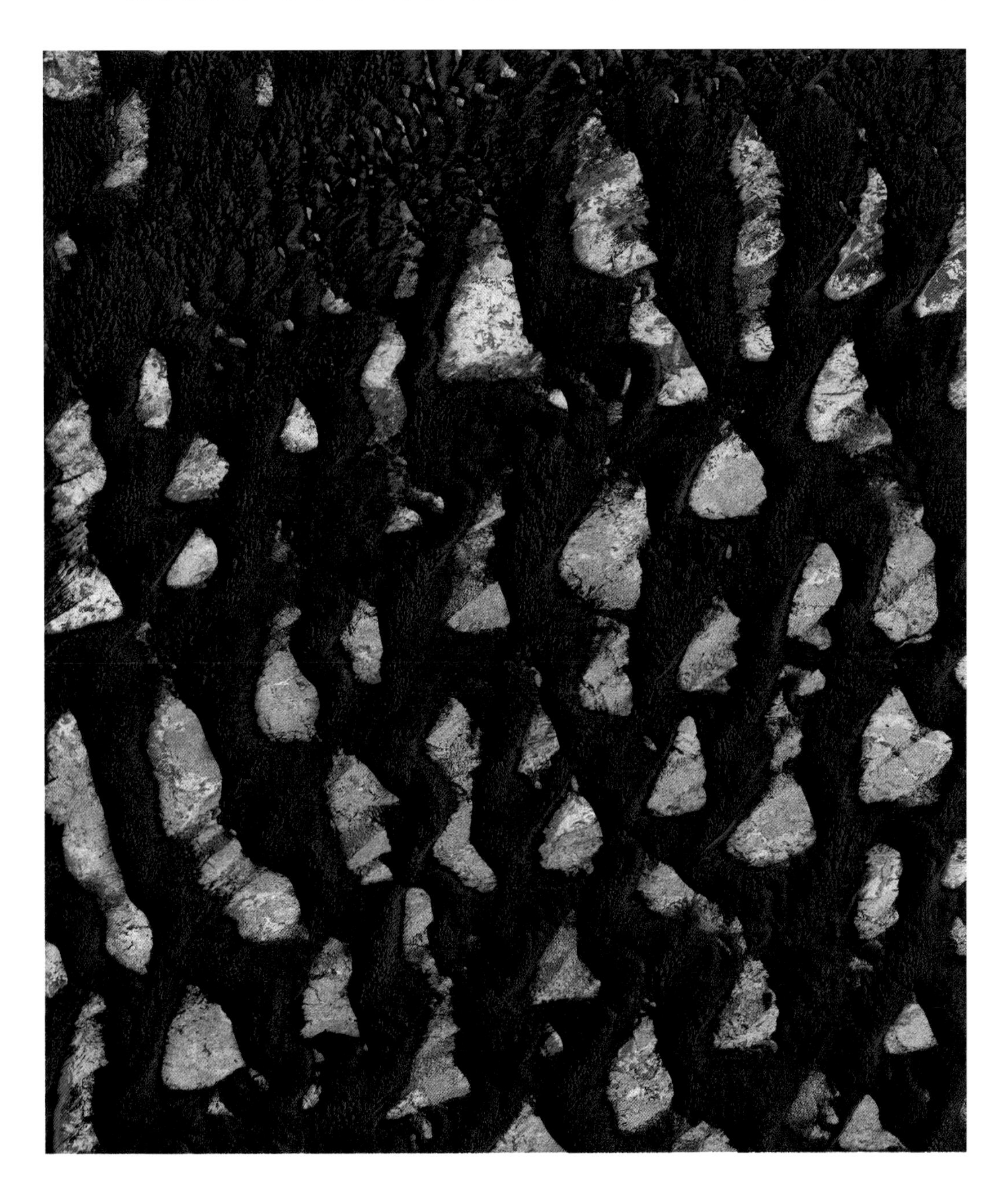

观测日期： 2019 年 3 月 11 日。

中心点经纬度： 40.0° N，87.4° E。

覆盖范围： 宽（东西向）约 31.2 km，高（南北向）约 34.4 km。

数据源信息： 高分三号卫星，全极化条带 1 成像模式数据；中心点入射角：35.5°。

图像处理过程： 空间多视，去定向 Freeman 分解，伪彩色合成。

图像说明： 塔克拉玛干沙漠局部区域图像，位于塔克拉玛干沙漠中东部。沙漠以面散射为主，因此图像整体呈现蓝色。蓝绿色推测为沙漠较低的平坦区域。

11. 塔克拉玛干沙漠局部七（2019 年 7 月 24 日）

观测日期：2019 年 7 月 24 日。

中心点经纬度：38.1° N，83.3° E。

覆盖范围：宽（东西向）约 30.6 km，高（南北向）约 34.4 km。

数据源信息：高分三号卫星，全极化条带 1 成像模式数据；中心点入射角：36.3°。

图像处理过程：空间多视，去定向 Freeman 分解，伪彩色合成。

图像说明：塔克拉玛干沙漠局部区域图像，位于新疆安迪尔乡西侧，图中黄绿色特征推测为流水遗留痕迹。

12. 内蒙古阿拉善右旗沙漠戈壁局部一（2017年11月18日）

观测日期：2017 年 11 月 18 日。

中心点经纬度：39.7° N，102.0° E。

覆盖范围：宽（东西向）约 22.2 km，高（南北向）约 26.5 km。

数据源信息：高分三号卫星，全极化条带 1 成像模式数据；中心点入射角：38.4°。

图像处理过程：空间多视，去定向 Freeman 分解，伪彩色合成。

图像说明：内蒙古阿拉善右旗沙漠戈壁图像。

13. 内蒙古阿拉善右旗沙漠戈壁局部二（2019 年 2月8日）

观测日期： 2019 年 2 月 8 日。

中心点经纬度： 39.7° N，102.0° E。

覆盖范围： 宽（东西向）约 31.1 km，高（南北向）约 34.4 km。

数据源信息： 高分三号卫星，全极化条带 1 成像模式数据；中心点入射角：35.7°。

图像处理过程： 空间多视，去定向 Freeman 分解，伪彩色合成。

图像说明： 内蒙古阿拉善右旗沙漠戈壁图像。

14. 内蒙古阿拉善右旗沙漠戈壁局部三（2019年3月9日）

观测日期：2019 年 3 月 9 日。

中心点经纬度：40.0° N，102.0° E。

覆盖范围：宽（东西向）约 31.2 km，高（南北向）约 34.4 km。

数据源信息：高分三号卫星，全极化条带 1 成像模式数据；中心点入射角：35.6°。

图像处理过程：空间多视，去定向 Freeman 分解，伪彩色合成。

图像说明：内蒙古阿拉善右旗沙漠戈壁图像。图中黑色斑块推测为水域，绿色斑块推测为水域干涸后的区域。

15. 内蒙古阿拉善右旗沙漠戈壁局部四（2019年10月3日）

观测日期： 2019 年 10 月 3 日。

中心点经纬度： 40.0° N，102.2° E。

覆盖范围： 宽（东西向）约 25.0 km，高（南北向）约 28.5 km。

数据源信息： 高分三号卫星，全极化条带 1 成像模式数据；中心点入射角：42.8°。

图像处理过程： 空间多视，去定向 Freeman 分解，伪彩色合成。

图像说明： 内蒙古阿拉善右旗东北部沙漠戈壁图像。

16. 其他沙漠遥感图像

另两部图书中还有众多典型的沙漠遥感图像，这里仅按参考文献形式列出，感兴趣的读者可自行查阅。其中后边标注（典型）的为与本节已给出的沙漠类型均不相同的图像。

[1] 安文韬，林明森，谢春华，袁新哲，崔利民. 高分三号卫星极化数据处理——产品与技术. 北京：海洋出版社，2018.

52. 伊拉克安巴尔省（2017 年 11 月 1 日）

[2] 安文韬，林明森，谢春华，袁新哲，崔利民. 高分三号卫星极化数据处理——产品与典型地物分析. 北京：海洋出版社，2019.

20. 塔克拉玛干沙漠独特地貌（2018 年 03 月 01 日）（典型）
34. 毛里塔尼亚阿德拉尔省沙漠（2018 年 5 月 9 日）（典型）
56. 新疆维吾尔自治区塔克拉玛干沙漠局部（2018 年 07 月 17 日）（典型）
62. 乌兹别克斯坦沙漠区域（2018 年 8 月 20 日）（典型）

海　洋

1. 中国台湾彰化县西侧沿岸海域（2019 年 1月 17日）

观测日期： 2019 年 1 月 17 日。

中心点经纬度： 24.1° N，120.3° E。

覆盖范围： 宽（东西向）约 21.3 km，高（南北向）约 24.2 km。

数据源信息： 高分三号卫星，全极化条带 1 成像模式数据；中心点入射角：39.4°。

图像处理过程： 空间多视，去定向 Freeman 分解，伪彩色合成。

图像说明： 中国台湾彰化县西侧海域。图中条纹状特征推测由大气重力波造成。海面上存在较多船舶，部分船舶存在很强的二次散射造成了十字形的旁瓣。

2. 黄海中部海域（2019年1月17日）

观测日期： 2019 年 1 月 17 日。

中心点经纬度： 34.3° N，122.4° E。

覆盖范围： 宽（东西向）约 21.4 km，高（南北向）约 24.2 km。

数据源信息： 高分三号卫星，全极化条带 1 成像模式数据；中心点入射角：39.2°。

图像处理过程： 空间多视，去定向 Freeman 分解，伪彩色合成。

图像说明： 黄海中部海域。海面上存在着多个船舶。

3. 朝鲜海峡北侧海域（2019 年 2月23日）

观测日期：2019 年 2 月 23 日。

中心点经纬度：35.6° N，131.0° E。

覆盖范围：宽（东西向）约 30.6 km，高（南北向）约 34.3 km。

数据源信息：高分三号卫星，全极化条带 1 成像模式数据；中心点入射角：36.3°。

图像处理过程：空间多视，去定向 Freeman 分解分解，伪彩色合成。

图像说明：图中海面存在丰富的纹理，图像右侧存在两艘船舶，其中一艘存在较大的旁瓣，另一艘存在成像模糊，两艘上侧都存在明显的鬼影虚假目标。

4. 俄罗斯东侧日本海沿岸海域（2019年2月28日）

观测日期： 2019 年 2 月 28 日。

中心点经纬度： 43.0° N，134.4° E。

覆盖范围： 宽（东西向）约 32.5 km，高（南北向）约 36.4 km。

数据源信息： 高分三号卫星，全极化条带 1 成像模式数据；中心点入射角：36.4°。

图像处理过程： 空间多视，去定向 Freeman 分解，伪彩色合成。

图像说明： 图左上角陆地为俄罗斯东部滨海边疆区，海面区域为日本海。图中黑暗区域推测为低风速区，海面上可见两个船舶点目标。

5. 泰国湾西部海域（2019 年 3月24日）

观测日期： 2019 年 3 月 24 日。

中心点经纬度： 8.7° N，100.4° E。

覆盖范围： 宽（东西向）约 30.7 km，高（南北向）约 34.5 km。

数据源信息： 高分三号卫星，全极化条带 1 成像模式数据；中心点入射角：36.2°。

图像处理过程： 空间多视，去定向 Freeman 分解，伪彩色合成。

图像说明： 靠近那空是贪玛叻（洛坤）府海岸的泰国湾西部海面图像。海面上独特的图像特征推测由降雨造成，海面上存在多个船舶目标。

6. 日本海西侧海域（2019年5月9日）

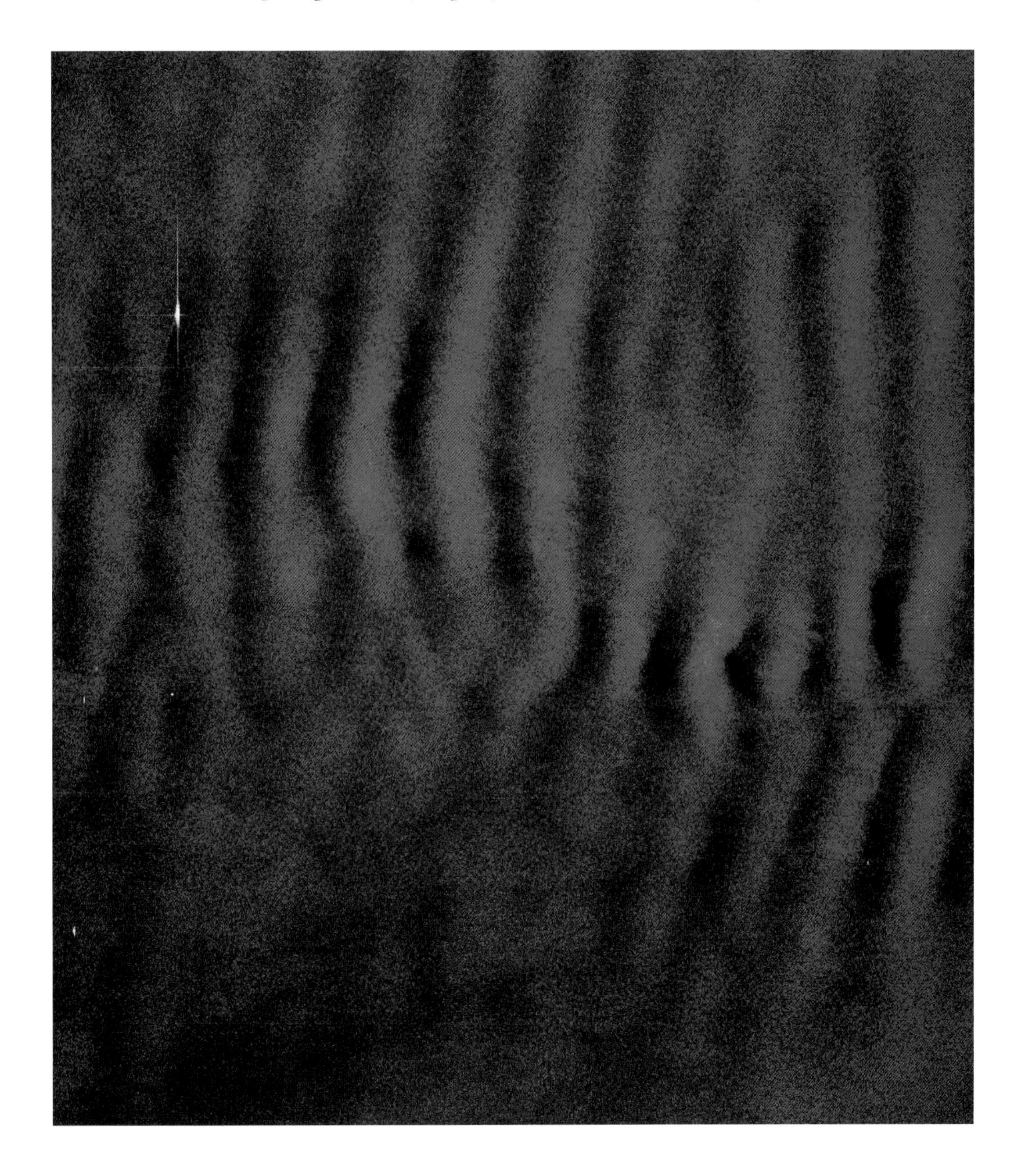

观测日期： 2019 年 5 月 9 日。

中心点经纬度： 38.8° N，129.8° E。

覆盖范围： 宽（东西向）约 25.6 km，高（南北向）约 28.5 km。

数据源信息： 高分三号卫星，全极化条带 1 成像模式数据；中心点入射角：48.9°。

图像处理过程： 空间多视，去定向 Freeman 分解，伪彩色合成。

图像说明： 图像左侧存在 4 艘船舶目标。海面上条带状纹理推测是由于大气重力波影响海面粗糙度造成的，这一现象在海面 SAR 遥感图像中比较常见。

7. 吕宋海峡南部海域（2019 年 6 月 4 日）

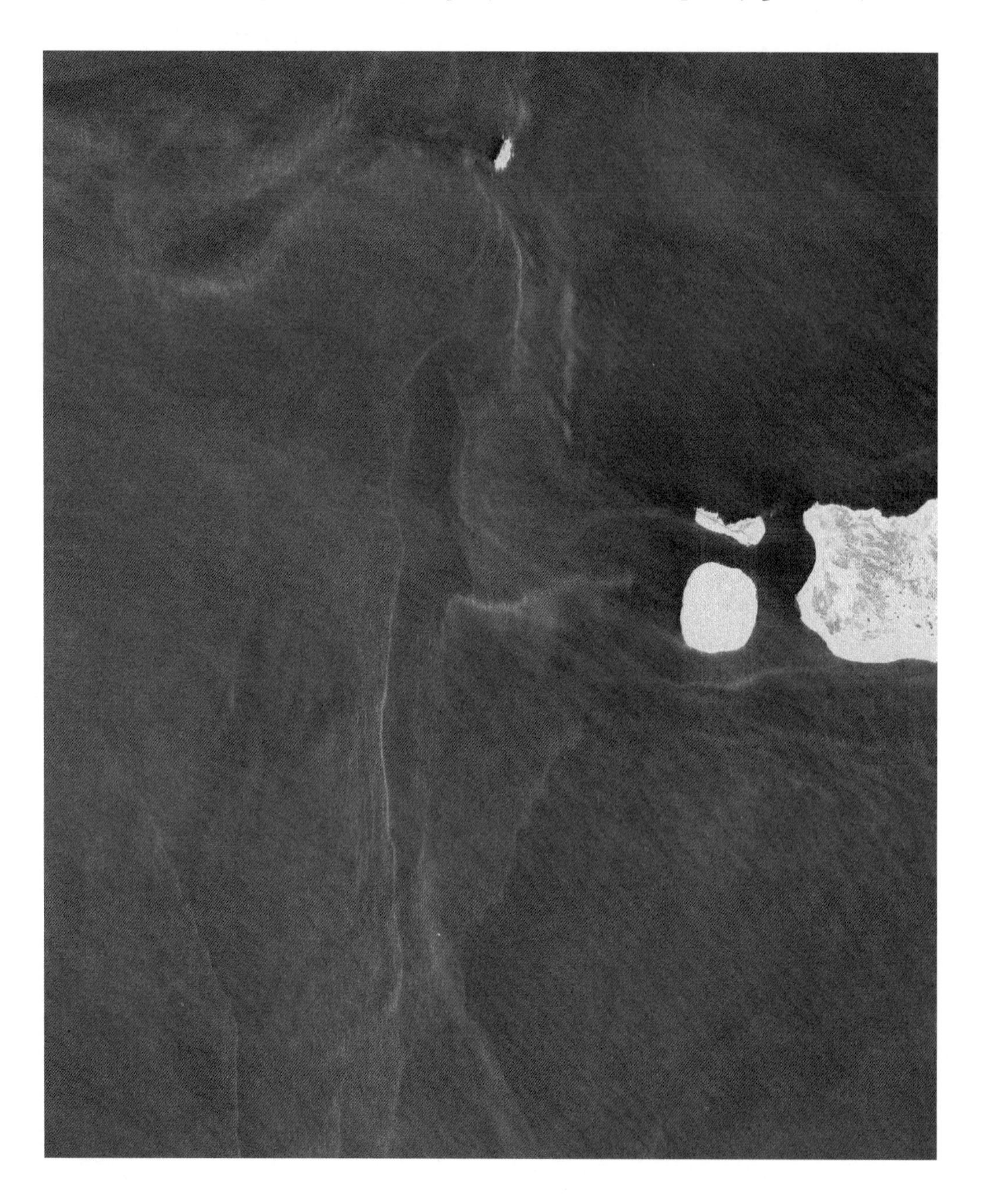

观测日期：2019 年 6 月 4 日。

中心点经纬度：18.9° N，121.2° E。

覆盖范围：宽（东西向）约 26.2 km，高（南北向）约 30.1 km。

数据源信息：高分三号卫星，全极化条带 1 成像模式数据；中心点入射角：42.6°。

图像处理过程：空间多视，去定向 Freeman 分解，伪彩色合成（幅度）。

图像说明：吕宋海峡南部靠近菲律宾的海域。图右侧陆地区域对应为一个岛屿，其上为菲律宾的波索。海面上的线性纹理特征推测可能与海底地形有关。

8. 挪威西侧海洋区域（2019年6月14日）

观测日期： 2019 年 6 月 14 日。

中心点经纬度： 64.4° N，4.6° E。

覆盖范围： 宽（东西向）约 40.8 km，高（南北向）约 44.6 km。

数据源信息： 高分三号卫星，全极化条带 1 成像模式数据；中心点入射角：31.3°。

图像处理过程： 空间多视，去定向 Freeman 分解，伪彩色合成。

图像说明： 挪威西侧海洋区域图像。图中海面存在类似涡旋或锋面的结构。

9. 日本东侧海域（2019 年 6 月 15 日）

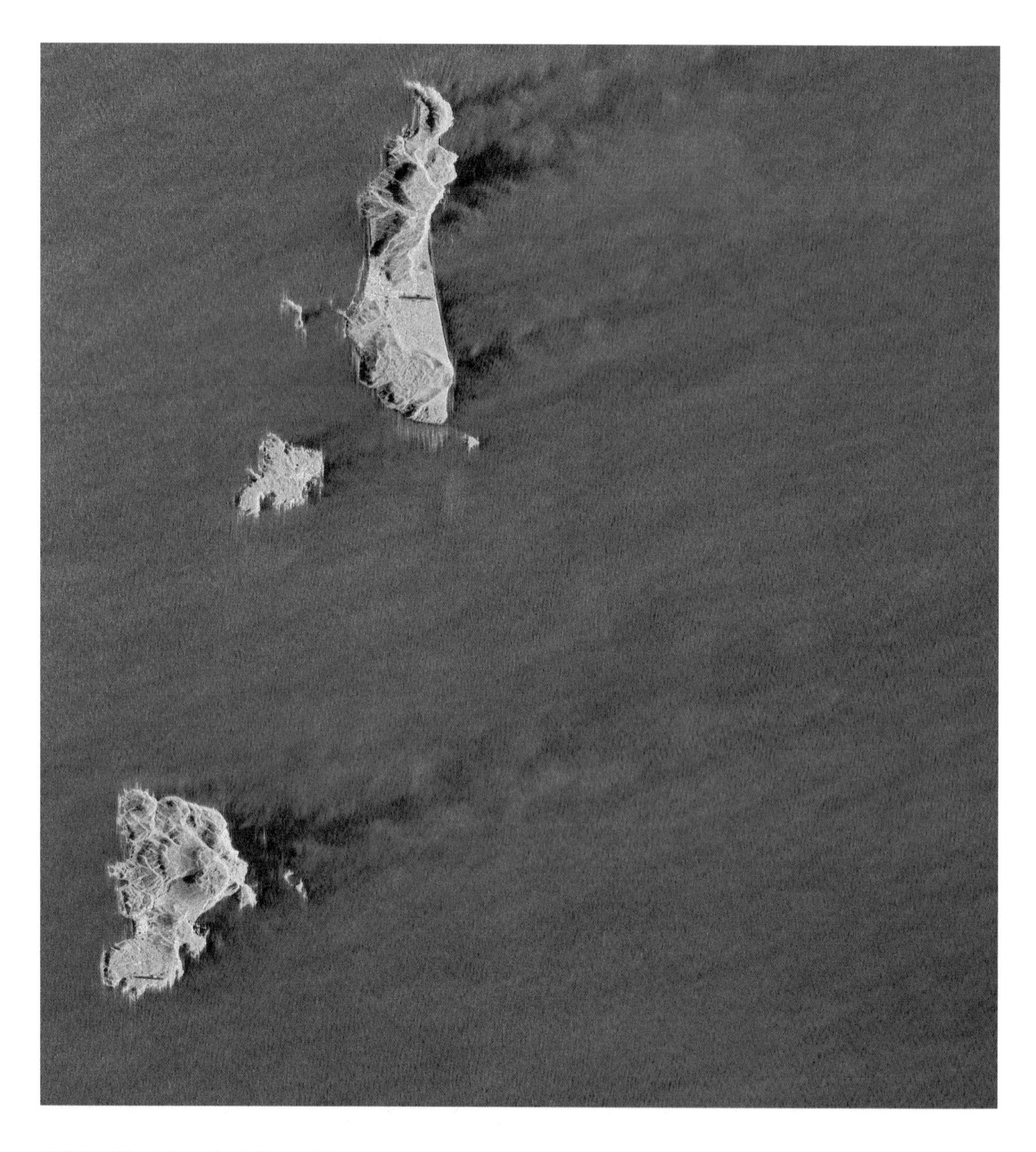

观测日期：2019 年 6 月 15 日。

中心点经纬度：34.3° N，139.3° E。

覆盖范围：宽（东西向）约 30.5 km，高（南北向）约 34.5 km。

数据源信息：高分三号卫星，全极化条带 1 成像模式数据；中心点入射角：36.5°。

图像处理过程：空间多视，去定向 Freeman 分解，伪彩色合成（幅度）。

图像说明：日本东侧、太平洋西部海域。图中最上部海岛存在两个红黄色人工建筑区域，由上至下依次为若乡和新岛本村。上下两个岛屿东侧海面类似波动的纹理推测是由于岛体造成风速变化引起的。非相干极化分解结果的幅度图像相对于功率图像对于弱目标会有更好的显示效果，但整体会有一种灰蒙蒙的感觉。

10. 印度南部东侧沿岸海域（2019年6月20日）

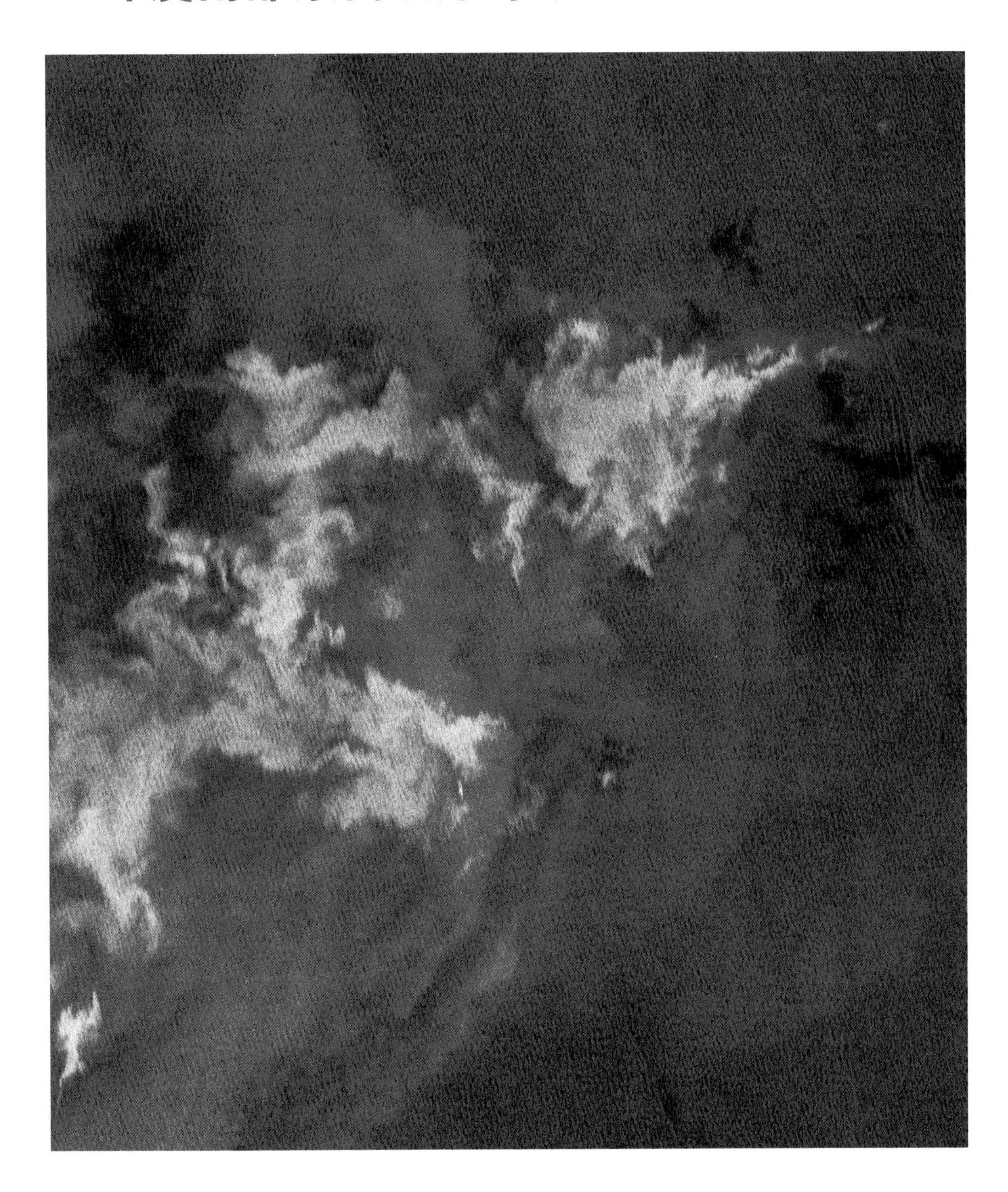

观测日期：2019 年 6 月 20 日。

中心点经纬度：10.2° N，75.7° E。

覆盖范围：宽（东西向）约 30.6 km，高（南北向）约 34.5 km。

数据源信息：高分三号卫星，全极化条带 1 成像模式数据；中心点入射角：36.3°。

图像处理过程：空间多视，去定向 Freeman 分解，伪彩色合成。

图像说明：印度洋靠近印度南部东侧的沿岸海域。图中可以观察到由海面波浪造成的条纹状纹理特征。图中亮白色特征推测是由于降雨造成的。

11. 朝鲜西部沿海（2019 年 10月10日）

观测日期： 2019 年 10 月 10 日。

中心点经纬度： 39.4° N，125.3° E。

覆盖范围： 宽（东西向）约 21.4 km，高（南北向）约 24.2 km。

数据源信息： 高分三号卫星，全极化条带 1 成像模式数据；中心点入射角：39.2°。

图像处理过程： 空间多视，去定向 Freeman 分解，伪彩色合成。

图像说明： 朝鲜西部沿海区域海面遥感图像，图中海面上存在大量包含二次散射的亮点目标，其具体是否为船舶还是其他海上目标仍有待验证。

海面涡旋

1. 地中海海面涡旋（2018 年 5 月 22 日）

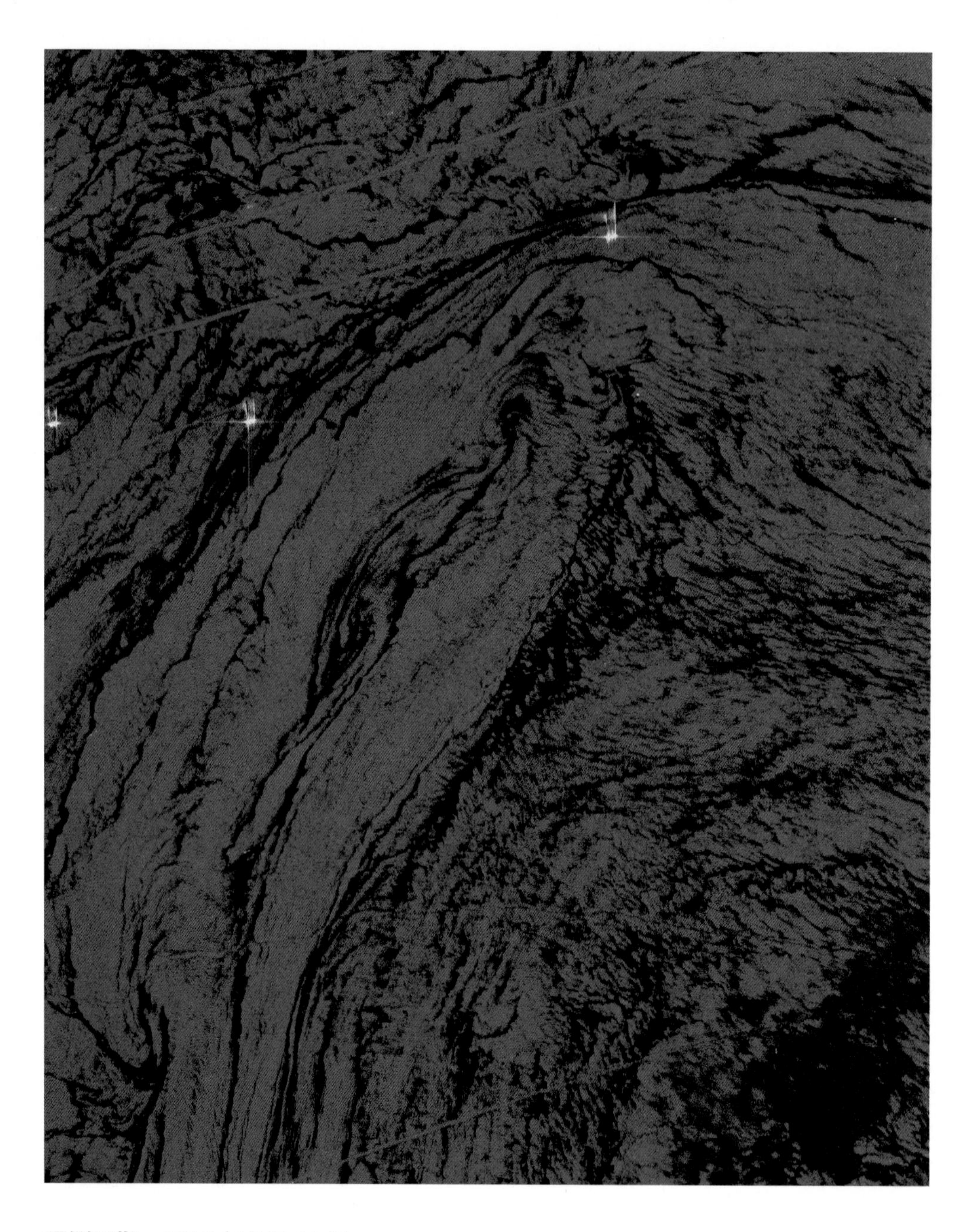

观测日期：2018 年 5 月 22 日。

中心点经纬度：37.2° N，5.1° E。

覆盖范围：宽（东西向）约 20.4 km，高（南北向）约 24.2 km。

数据源信息：高分三号卫星，全极化条带 1 成像模式数据；中心点入射角：39.1°。

图像处理过程：空间多视，去定向 Freeman 分解，伪彩色合成。

图像说明：地中海靠近阿尔及利亚北部海域。图中部偏左位置存在一个非常小的涡旋状海面特征，图上部存在 3 艘船舶，其尾迹和由运动造成的在 SAR 图像中的位移清晰可见。

2. 北冰洋海面涡旋（2018 年 7 月 15 日）

观测日期： 2018 年 7 月 15 日。

中心点经纬度： 68.4° N，48.6° E。

覆盖范围： 宽（东西向）约 23.2 km，高（南北向）约 24.9 km。

数据源信息： 高分三号卫星，全极化条带 1 成像模式数据；中心点入射角：39.2°。

图像处理过程： 空间多视，去定向 Freeman 分解，伪彩色合成。

图像说明： 北冰洋靠近俄罗斯北部的沿海区域。图中可观察到一大一小两个涡旋。

3. 波的尼亚湾海面涡旋（2018年7月15日）

观测日期： 2018 年 7 月 15 日。

中心点经纬度： 61.9° N，20.5° E。

覆盖范围： 宽（东西向）约 23.2 km，高（南北向）约 26.0 km。

数据源信息： 高分三号卫星，全极化条带 1 成像模式数据；中心点入射角：39.3°。

图像处理过程： 空间多视，去定向 Freeman 分解，伪彩色合成。

图像说明： 波的尼亚湾（瑞典东侧与芬兰西侧之间的海域）海面涡旋。图中亮点目标推测为船舶。

4. 芬兰湾海面涡旋（2018年7月23日）

观测日期： 2018 年 7 月 23 日。

中心点经纬度： 59.7° N，27.5° E。

覆盖范围： 宽（东西向）约 21.4 km，高（南北向）约 24.1 km。

数据源信息： 高分三号卫星，全极化条带 1 成像模式数据；中心点入射角：39.2°。

图像处理过程： 空间多视，去定向 Freeman 分解，伪彩色合成。

图像说明： 芬兰湾位于芬兰、爱沙尼亚和俄罗斯交界处海域。图左下部可见一个小型涡旋。

5. 日本海西侧海域涡旋（2019 年 10月18日）

观测日期： 2019 年 10 月 18 日。

中心点经纬度： 42.4° N，134.3° E。

覆盖范围： 宽（东西向）约 32.5 km，高（南北向）约 36.5 km。

数据源信息： 高分三号卫星，全极化条带 1 成像模式数据；中心点入射角：36.3°。

图像处理过程： 空间多视，去定向 Freeman 分解，伪彩色合成。

图像说明： 日本海东部靠近俄罗斯的沿岸海域。图中上部存在两个小型涡旋。

本书“海洋”一章中的“挪威西侧海洋区域（2019 年 6 月 14 日）”也为海面涡旋图像。《高分三号卫星极化数据处理——产品与典型地物分析》一书中还给出了一个“北冰洋小尺度涡旋（2018 年 7 月 7 日）”图像。

安文韬 , 林明森 , 谢春华 , 袁新哲 , 崔利民 . 高分三号卫星极化数据处理——产品与典型地物分析 . 北京 : 海洋出版社 , 2019.

海冰和冰原

1. 里海东北部海冰（2017 年 12月13日）

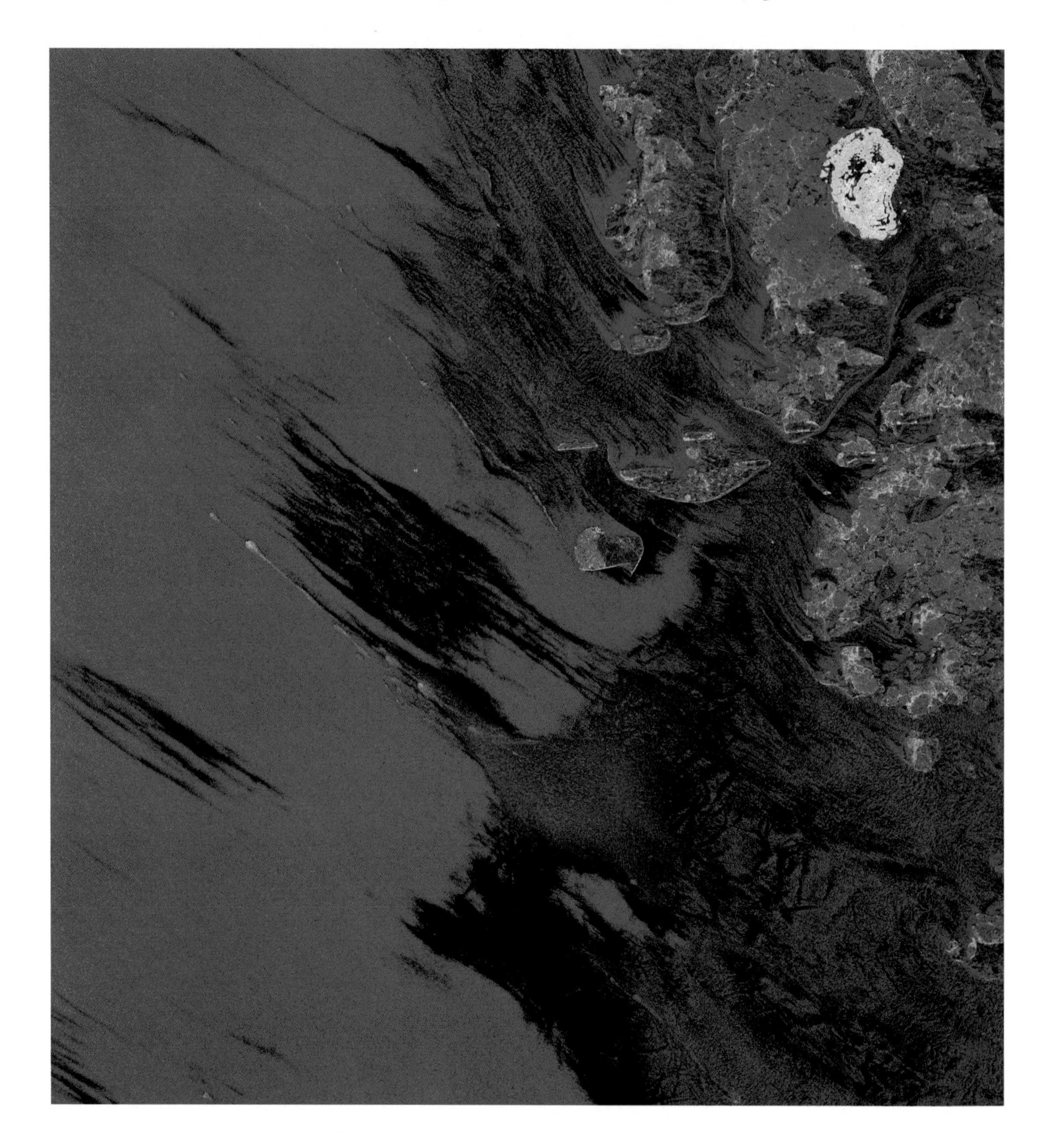

观测日期：2017 年 12 月 13 日。

中心点经纬度：54.7° N，136.9° E。

覆盖范围：宽（东西向）约 30.9 km，高（南北向）约 34.3 km。

数据源信息：高分三号卫星，全极化条带 1 成像模式数据；中心点入射角：36.0°。

图像处理过程：空间多视，去定向 Freeman 分解，伪彩色合成。

图像说明：里海东北角邻近哈萨克斯坦沿岸海域海冰图像。图中可见海冰随水流漂动的特征，黑暗区域推测为被初生冰所覆盖。

2. 黄海北部海冰（2019年1月17日）

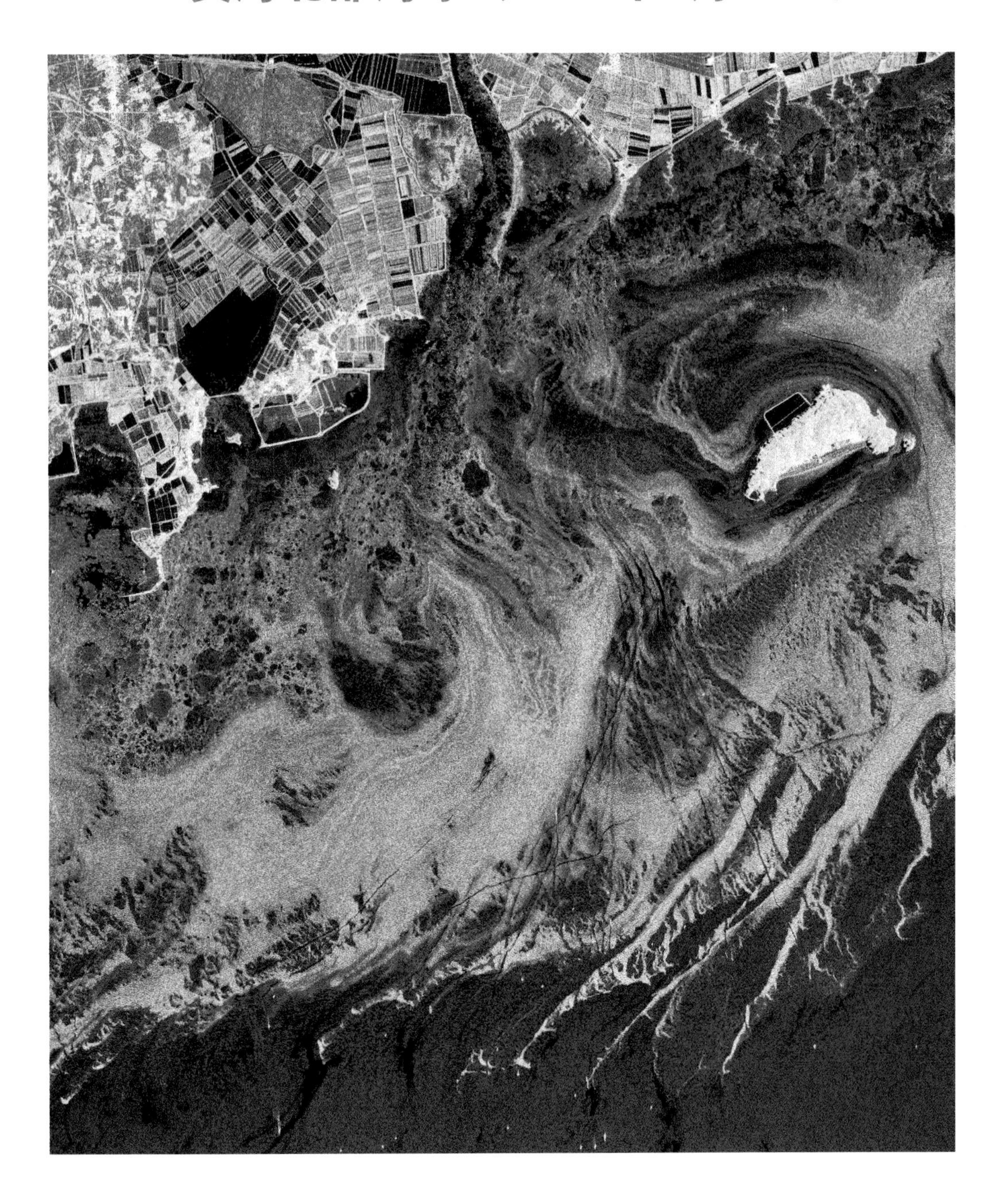

观测日期： 2019 年 1 月 17 日。

中心点经纬度： 39.7° N，123.6° E。

覆盖范围： 宽（东西向）约 21.4 km，高（南北向）约 24.2 km。

数据源信息： 高分三号卫星，全极化条带 1 成像模式数据；中心点入射角：39.1°。

图像处理过程： 空间多视，去定向 Freeman 分解，伪彩色合成。

图像说明： 黄海北部辽宁大洋河入海口处海冰图像。图像右侧岛屿为大鹿岛风景区。海冰覆盖区域中由船舶航行形成的水道清晰可见。

3. 萨哈林湾海冰（2019 年 5月7日）

观测日期：2019 年 5 月 7 日。

中心点经纬度：54.1° N，141.1° E。

覆盖范围：宽（东西向）约 30.8 km，高（南北向）约 34.3 km。

数据源信息：高分三号卫星，全极化条带 1 成像模式数据；中心点入射角：36.0°。

图像处理过程：空间多视，非邻域极化滤波，反射对称分解，伪彩色合成。

图像说明：鄂霍次克海萨哈林湾海冰遥感图像。

4. 鄂霍次克海沿岸海冰（2019年6月7日）

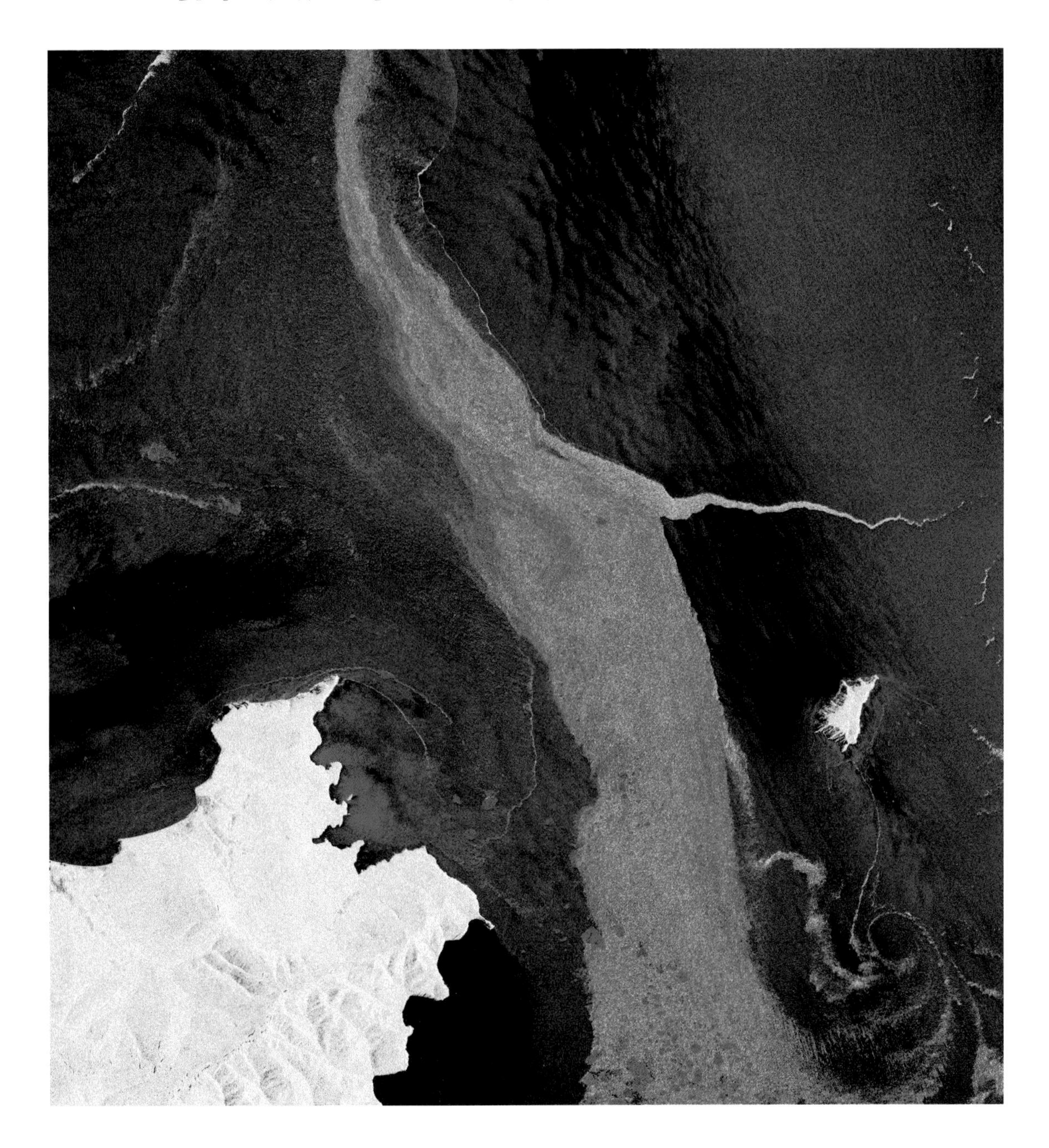

观测日期：2019 年 6 月 7 日。

中心点经纬度：54.7° N，136.9° E。

覆盖范围：宽（东西向）约 30.9 km，高（南北向）约 34.3 km。

数据源信息：高分三号卫星，全极化条带 1 成像模式数据；中心点入射角：36.0°。

图像处理过程：空间多视，去定向 Freeman 分解，伪彩色合成。

图像说明：鄂霍次克海靠近俄罗斯哈巴罗夫斯克边界区海岸附近海冰。右下角海冰呈旋涡状特征。

5. 南极海冰一（2018 年 4 月 24 日）

观测日期： 2018 年 4 月 24 日。

中心点经纬度： 69.8° S，110.1° W。

覆盖范围： 宽（东西向）约 37.8 km，高（南北向）约 41.8 km。

数据源信息： 高分三号卫星，全极化条带 2 成像模式数据；中心点入射角：37.7°。

图像处理过程： 空间多视，去定向 Freeman 分解，伪彩色合成。

图像说明： 南极海冰。图左上角亮黄色斑块推测为冰山。

6. 南极海冰二（2018年4月25日）

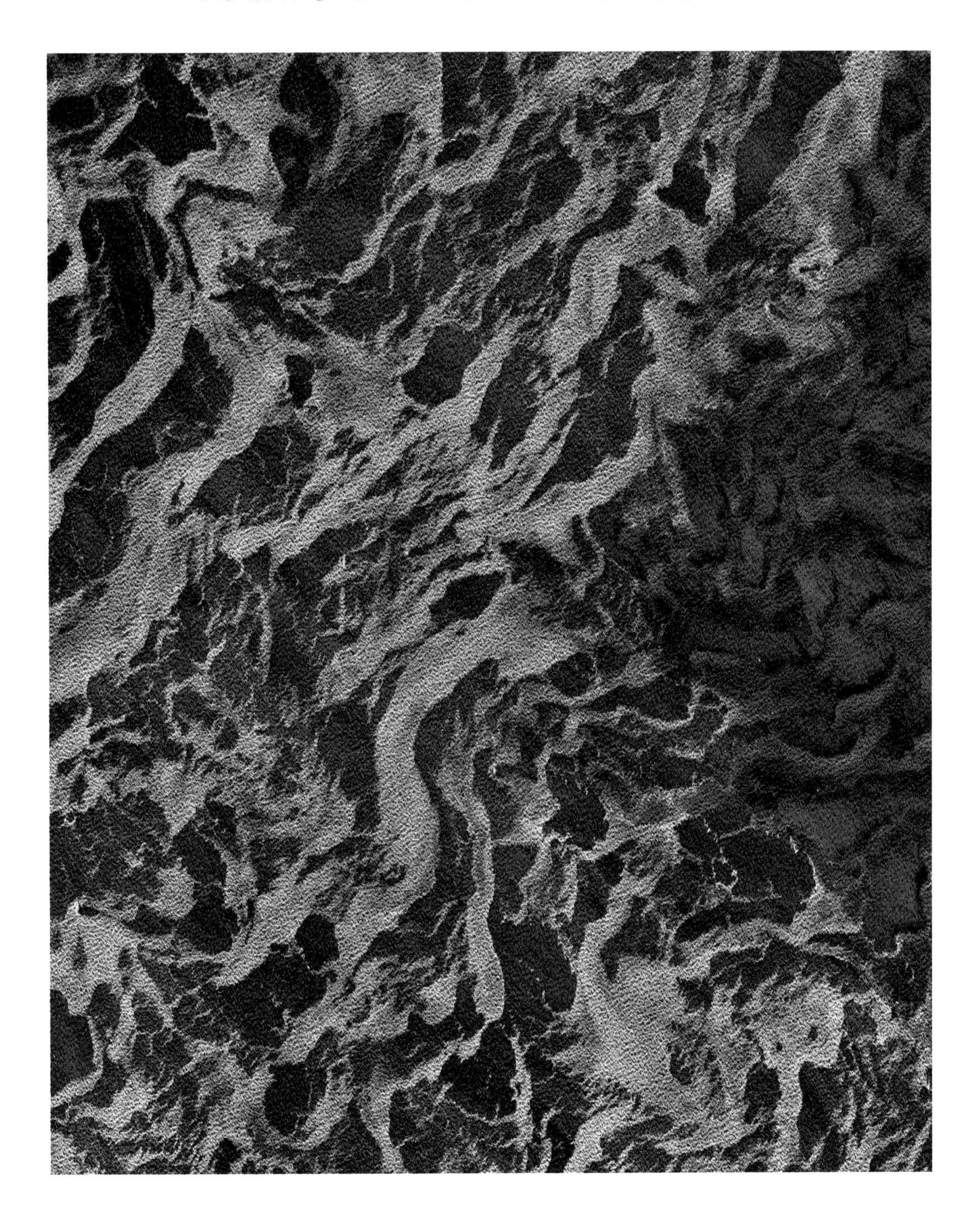

观测日期： 2018 年 4 月 25 日。

中心点经纬度： 69.2° S，119.7° W 。

覆盖范围： 宽（东西向）约 39.7 km，高（南北向）约 47.0 km。

数据源信息： 高分三号卫星，全极化条带 2 成像模式数据；中心点入射角：47.3°。

图像处理过程： 空间多视，去定向 Freeman 分解，伪彩色合成。

图像说明： 南极海冰随海流漂动形成的独特图像。图像偏红的原因仍有待研究。

7. 南极海冰三（2018年4月29日）

观测日期：2018 年 4 月 29 日。

中心点经纬度：68.5° S，114.7° W。

覆盖范围：宽（东西向）约 40.3 km，高（南北向）约 47.6 km。

数据源信息：高分三号卫星，全极化条带 2 成像模式数据；中心点入射角：31.5°。

图像处理过程：空间多视，去定向 Freeman 分解，伪彩色合成。

图像说明：南极海冰。图中亮点推测为冰山。

8. 南极海冰四（2018 年 4月29日）

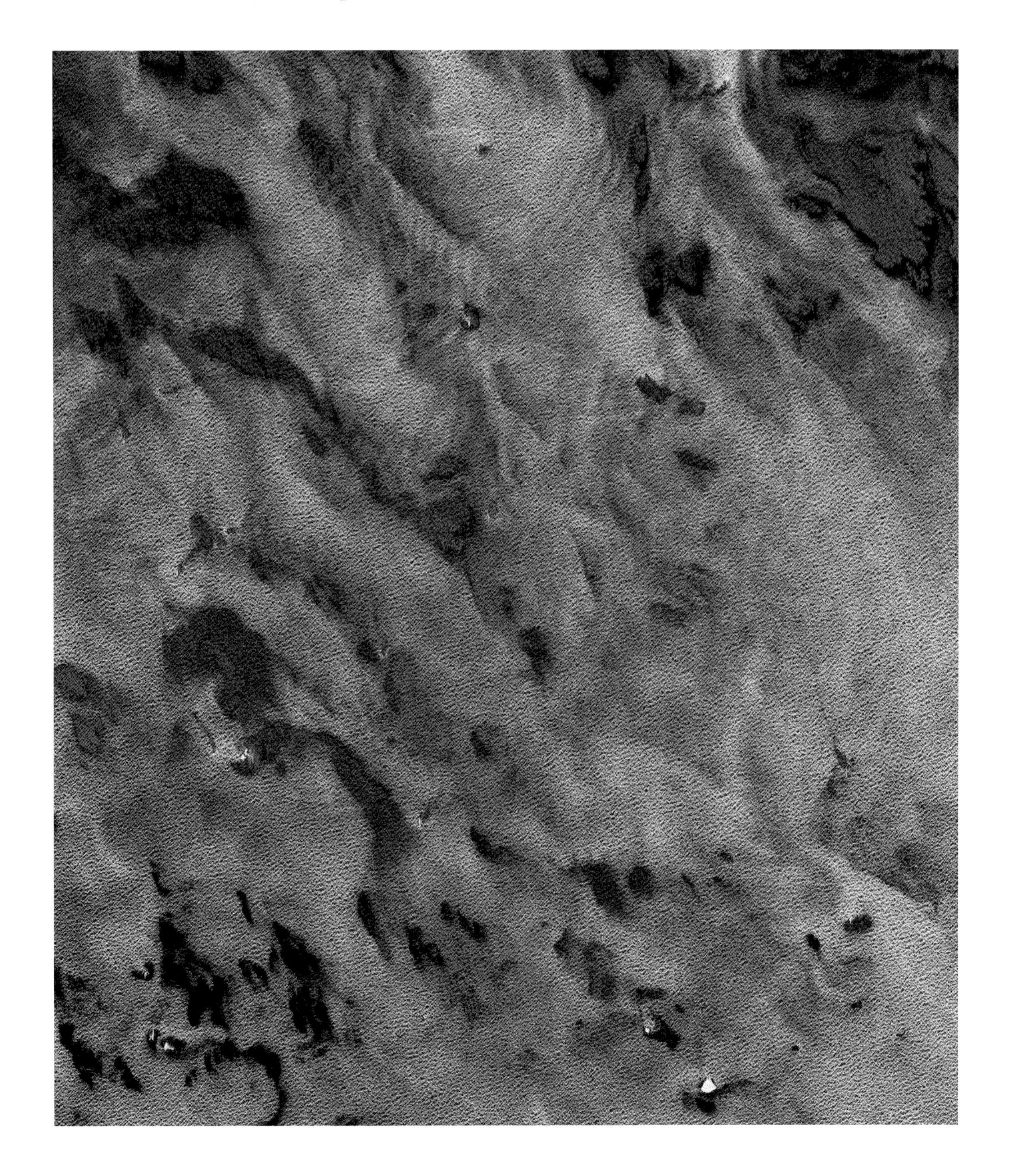

观测日期：2018 年 4 月 29 日。

中心点经纬度：68.8° S，114.0° W 。

覆盖范围：宽（东西向）约 40.5 km，高（南北向）约 47.6 km。

数据源信息：高分三号卫星，全极化条带 2 成像模式数据；中心点入射角：31.5°。

图像处理过程：空间多视，去定向 Freeman 分解，伪彩色合成。

图像说明：南极海冰。图中亮点推测为冰山。

9. 南极海冰五（2018年4月29日）

观测日期： 2018 年 4 月 29 日。

中心点经纬度： 69.3° S，127.0° W。

覆盖范围： 宽（东西向）约 38.3 km，高（南北向）约 46.0 km。

数据源信息： 高分三号卫星，全极化条带 2 成像模式数据；中心点入射角：48.7°。

图像处理过程： 空间多视，去定向 Freeman 分解，伪彩色合成。

图像说明： 南极海冰。

10. 南极海冰六（2018年4月29日）

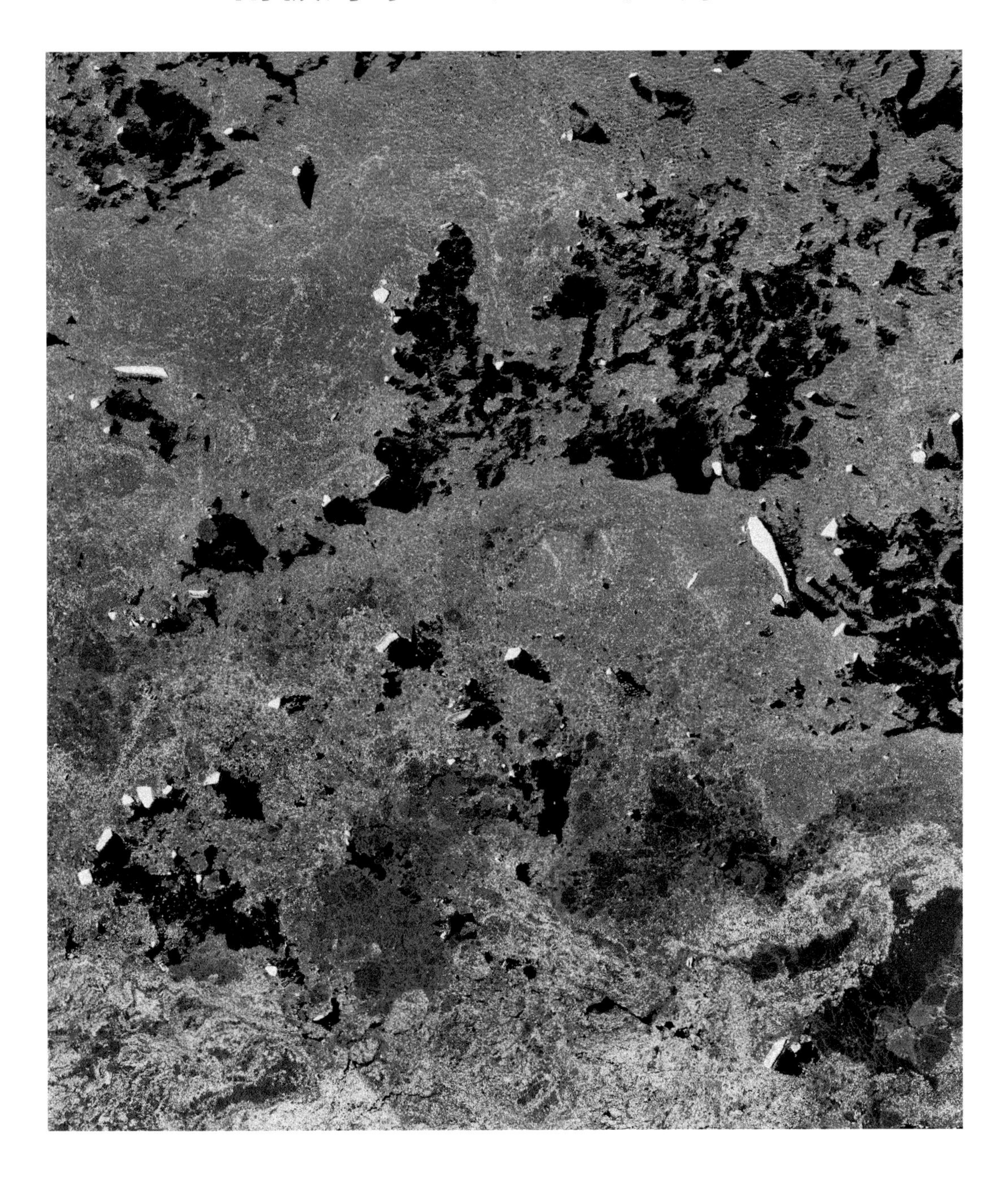

观测日期：2018 年 4 月 29 日。

中心点经纬度：69.4° S，112.8° W。

覆盖范围：宽（东西向）约 40.9 km，高（南北向）约 47.6 km。

数据源信息：高分三号卫星，全极化条带 2 成像模式数据；中心点入射角：31.5°。

图像处理过程：空间多视，去定向 Freeman 分解，伪彩色合成。

图像说明：南极海冰。

11. 南极海冰七（2018年4月29日）

观测日期： 2018 年 4 月 29 日。

中心点经纬度： 70.0° S，111.4° W 。

覆盖范围： 宽（东西向）约 41.1 km，高（南北向）约 45.5 km。

数据源信息： 高分三号卫星，全极化条带 2 成像模式数据；中心点入射角：31.5°。

图像处理过程： 空间多视，去定向 Freeman 分解，伪彩色合成。

图像说明： 南极海冰。

12. 南极海冰八（2019年5月14日）

观测日期： 2019 年 5 月 14 日。

中心点经纬度： 69.2° S，75.6° E。

覆盖范围： 宽（东西向）约 37.8 km，高（南北向）约 43.2 km。

数据源信息： 高分三号卫星，全极化条带 1 成像模式数据；中心点入射角：26.7°。

图像处理过程： 空间多视，非邻域极化滤波，反射对称分解，伪彩色合成。

图像说明： 南极海岸附近海冰。图中白绿色目标为冰山，其上存在积雪。

13. 南极海岸（2019 年 5 月 14 日）

观测日期： 2019 年 5 月 14 日。

中心点经纬度： 69.4° S，76.1° E。

覆盖范围： 宽（东西向）约 37.8 km，高（南北向）约 43.2 km。

数据源信息： 高分三号卫星，全极化条带 1 成像模式数据；中心点入射角：26.6°。

图像处理过程： 空间多视，去定向 Freeman 分解，伪彩色合成（幅度）。

图像说明： 南极海岸图像。图最下部冰原呈黄色，靠近海岸后颜色开始偏青，海面存在蓝色的海冰，海冰中黄绿色亮斑为崩裂后漂移的冰山。

14. 南极冰原一（2018年4月29日）

观测日期：2018 年 4 月 29 日。

中心点经纬度：70.3° S，78.9° E。

覆盖范围：宽（东西向）约 27.0 km，高（南北向）约 30.7 km。

数据源信息：高分三号卫星，全极化条带 1 成像模式数据；中心点入射角：37.8°。

图像处理过程：空间多视，去定向 Freeman 分解，伪彩色合成。

图像说明：南极冰原图像。整体偏黄色，推测有积雪覆盖。

15. 南极冰原二（2018 年 4 月 29 日）

观测日期：2018 年 4 月 29 日。

中心点经纬度：70.5° S，79.3° E。

覆盖范围：宽（东西向）约 27.0 km，高（南北向）约 30.7 km。

数据源信息：高分三号卫星，全极化条带 1 成像模式数据；中心点入射角：37.8°。

图像处理过程：空间多视，去定向 Freeman 分解，伪彩色合成。

图像说明：南极冰原图像。整体偏黄色，推测有积雪覆盖。

16. 南极冰原三（2018年5月3日）

观测日期：2018 年 5 月 3 日。

中心点经纬度：74.4° S，164.3° E。

覆盖范围：宽（东西向）约 40.5 km，高（南北向）约 46.9 km。

数据源信息：高分三号卫星，全极化条带 2 成像模式数据；中心点入射角：41.0°。

图像处理过程：空间多视，去定向 Freeman 分解，伪彩色合成。

图像说明：南极冰原图像。图中右上至左下推测为冰川侵蚀形成的条带状地物特征，图整体呈黄色，推测是由于冰川表面积雪造成的。

17. 南极冰原四（2017 年 9 月 16 日）

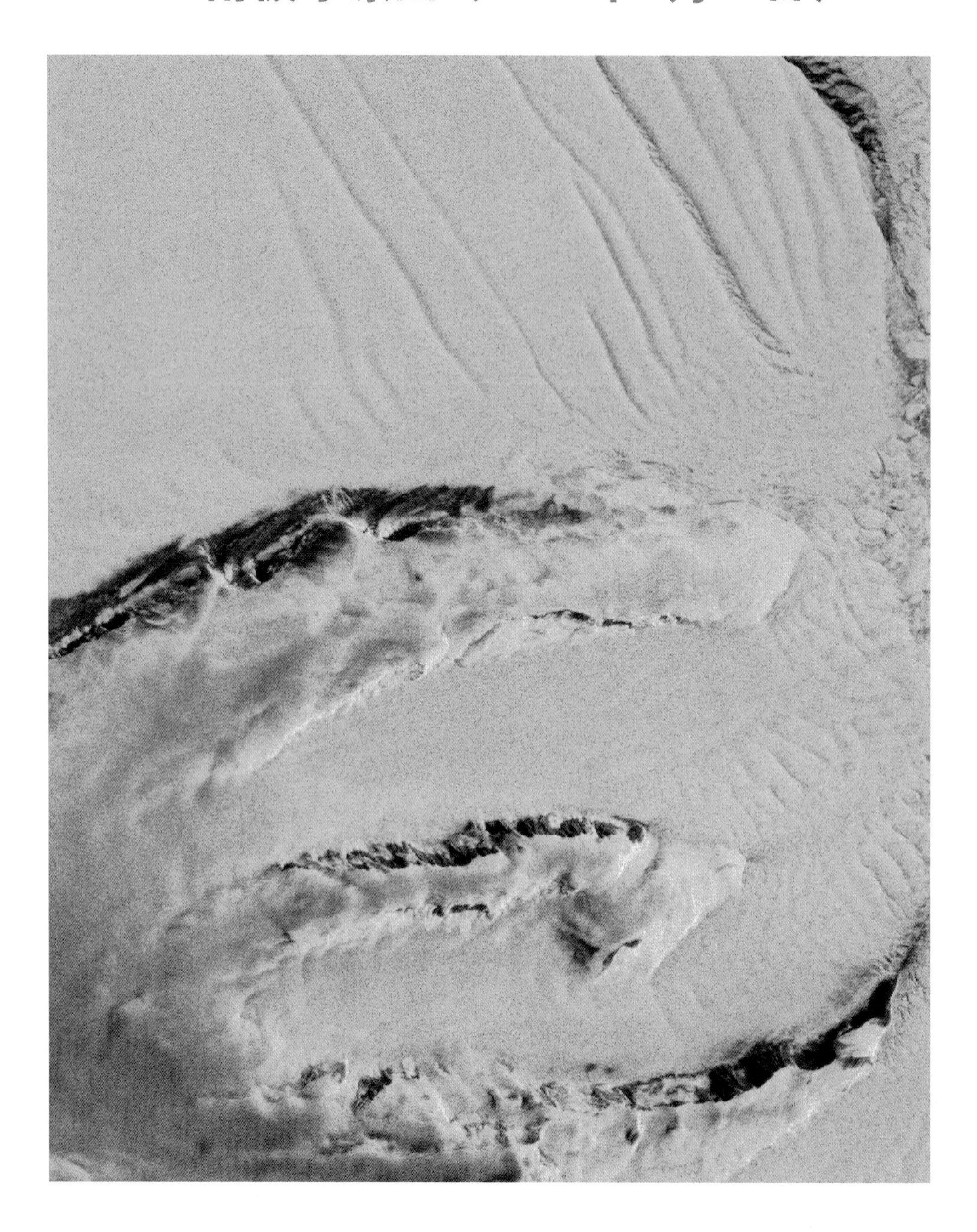

观测日期： 2017 年 9 月 16 日。

中心点经纬度： 68.8° S，63.4° W。

覆盖范围： 宽（东西向）约 22.7 km，高（南北向）约 29.1 km。

数据源信息： 高分三号卫星，全极化条带 1 成像模式数据；中心点入射角：48.9°。

图像处理过程： 空间多视，去定向 Freeman 分解，伪彩色合成（幅度）。

图像说明： 南极冰原图像。整体偏黄绿色，推测有积雪覆盖。

18. 南极冰原五（2017 年 9 月 16 日）

观测日期：2017 年 9 月 16 日。

中心点经纬度：70.1° S，67.3° W。

覆盖范围：宽（东西向）约 23.8 km，高（南北向）约 29.1 km。

数据源信息：高分三号卫星，全极化条带 1 成像模式数据；中心点入射角：48.9°。

图像处理过程：空间多视，去定向 Freeman 分解，伪彩色合成。

图像说明：南极冰原图像。整体偏黄色，推测有积雪覆盖，图左下角有冰流动的纹理特征。

19. 南极冰原六（2017年9月16日）

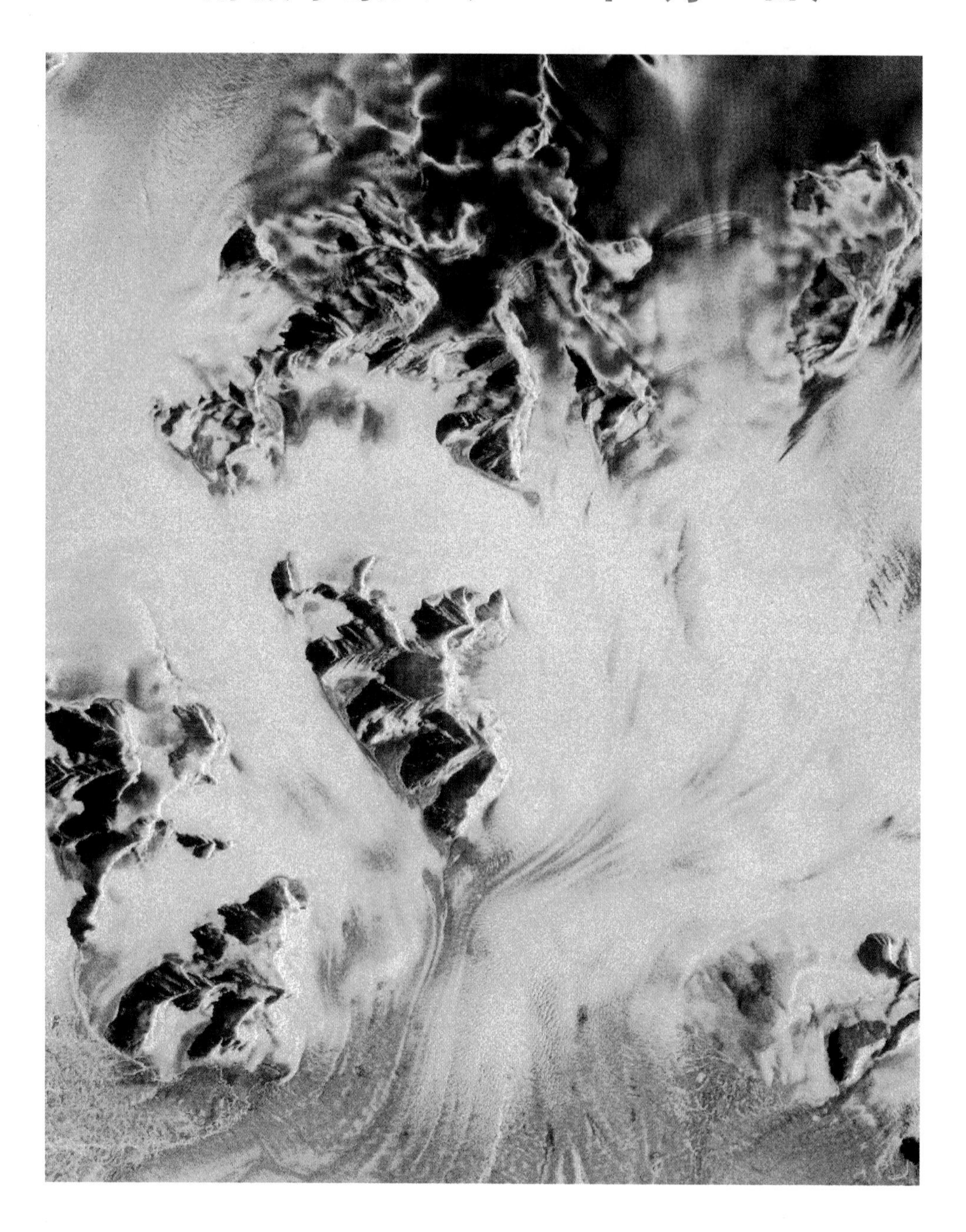

观测日期：2017 年 9 月 16 日。

中心点经纬度：70.2° S，67.8° W。

覆盖范围：宽（东西向）约 22.5 km，高（南北向）约 29.1 km。

数据源信息：高分三号卫星，全极化条带 1 成像模式数据；中心点入射角：48.9°。

图像处理过程：空间多视，去定向 Freeman 分解，伪彩色合成（幅度）。

图像说明：南极冰原图像。整体偏黄绿色，推测有积雪覆盖，图下部有冰流动的纹理特征。

20. 南极冰原七（2017年9月16日）

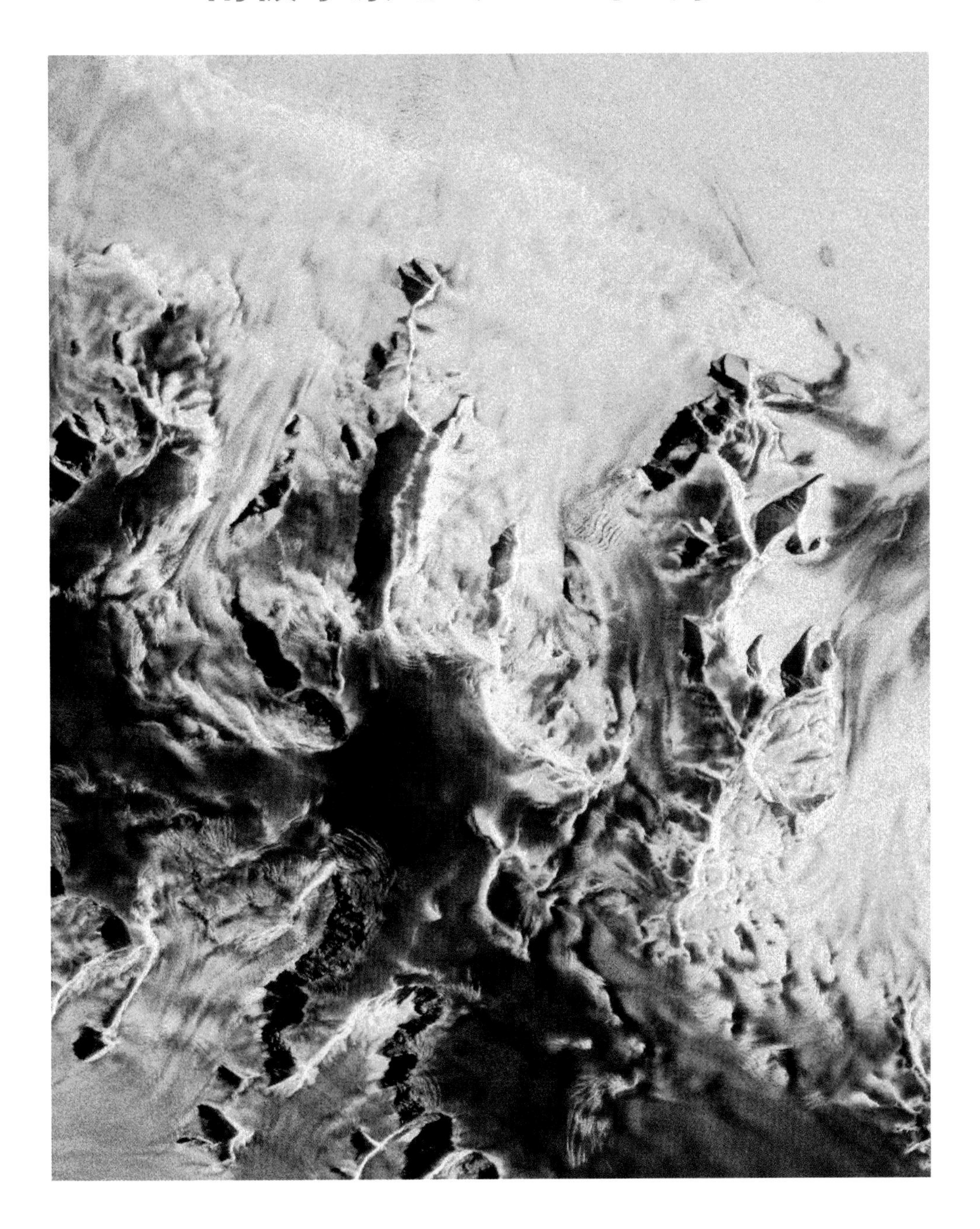

观测日期： 2017 年 9 月 16 日。

中心点经纬度： 70.5° S，68.9° W。

覆盖范围： 宽（东西向）约 22.6 km，高（南北向）约 29.1 km。

数据源信息： 高分三号卫星，全极化条带 1 成像模式数据；中心点入射角：48.9°。

图像处理过程： 空间多视，去定向 Freeman 分解，伪彩色合成（幅度）。

图像说明： 南极冰原图像。整体偏黄色，推测有积雪覆盖，图中有冰流动的纹理特征。

农 田

1. 黑龙江桦川（2019 年 6月9日）

观测日期： 2019 年 6 月 9 日。

中心点经纬度： 70.5° N，68.9° E。

覆盖范围： 宽（东西向）约 32.0 km，高（南北向）约 35.3 km。

数据源信息： 高分三号卫星，全极化条带 1 成像模式数据；中心点入射角：34.5°。

图像处理过程： 空间多视，去定向 Freeman 分解，伪彩色合成。

图像说明： 图像中部河流为松花江，其东南侧黄色区域即为黑龙江桦川县，图中农田区域偏红色，表明存在二次散射。

2. 加拿大华莱士堡（2019年8月10日）

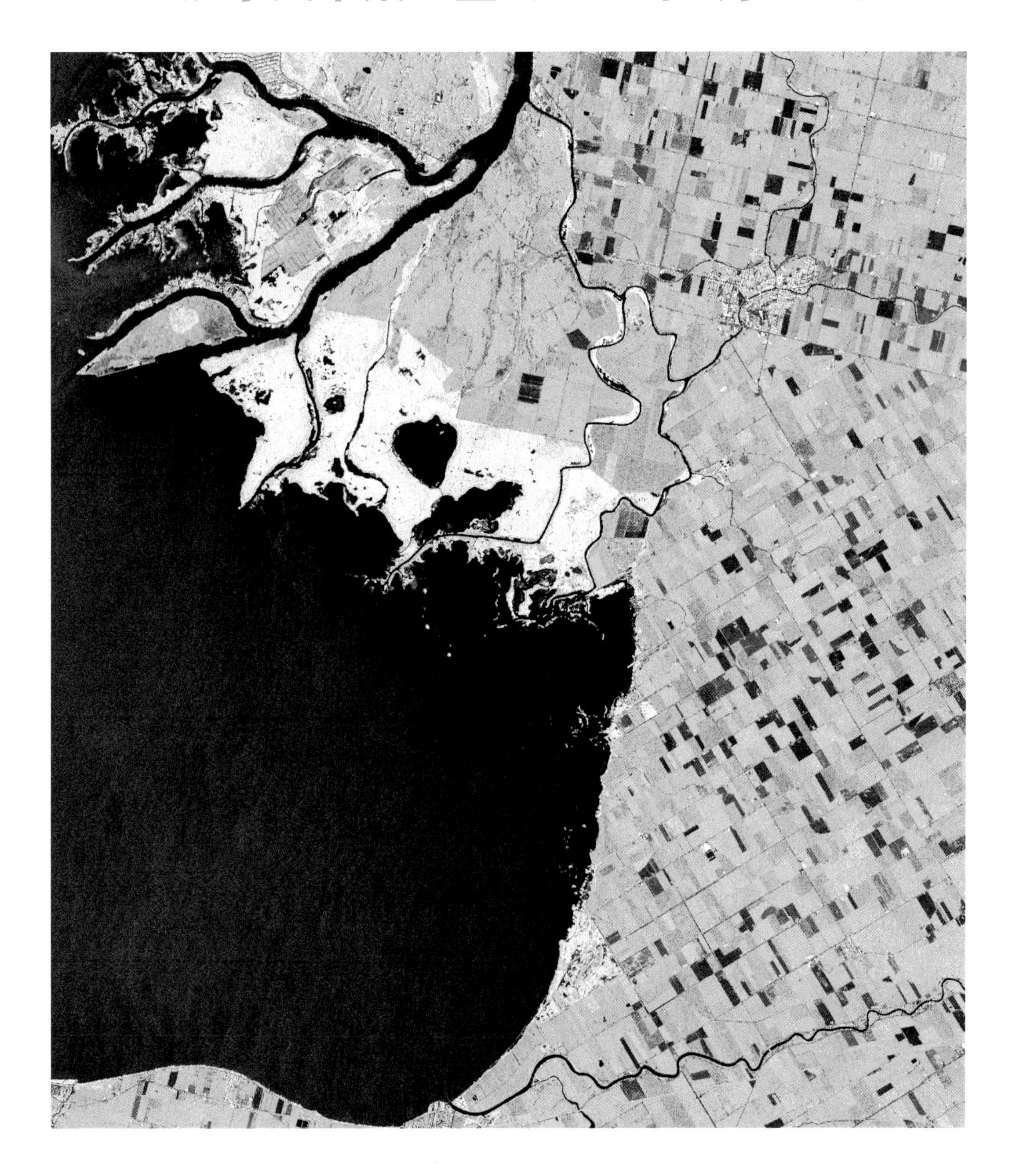

观测日期：2019 年 8 月 10 日。

中心点经纬度：42.5° N，82.5° W。

覆盖范围：宽（东西向）约 33.5 km，高（南北向）约 38.3 km。

数据源信息： 高分三号卫星，全极化条带 1 成像模式数据；中心点入射角：30.5°。

图像处理过程：空间多视，去定向 Freeman 分解，伪彩色合成。

图像说明：图像右上角河流交汇处红黄色建筑区域即为加拿大华莱士堡，该区域靠近美国边界五大湖区域。

3. 新疆昭苏（2019年8月12日）

观测日期：2019年8月12日。

中心点经纬度：43.0° N，81.1° E。

覆盖范围：宽（东西向）约22.6 km，高（南北向）约29.1 km。

数据源信息：高分三号卫星，全极化条带1成像模式数据；中心点入射角：48.9°。

图像处理过程：空间多视，去定向Freeman分解，伪彩色合成。

图像说明：图像上部中间红黄色建筑区即为新疆昭苏县县城。其南部存在大量农田区域。

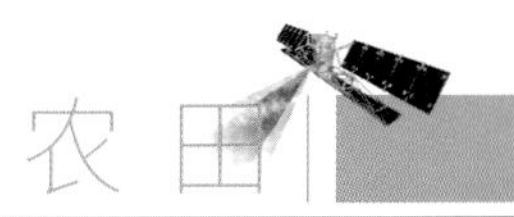

4. 俄罗斯阿尔泰边疆区域一（2019年8月14日）

观测日期：2019 年 8 月 14 日。

中心点经纬度：52.8° N，79.5° E。

覆盖范围：宽（东西向）约 31.0 km，高（南北向）约 34.3 km。

数据源信息：高分三号卫星，全极化条带 1 成像模式数据；中心点入射角：35.8°。

图像处理过程：空间多视，去定向 Freeman 分解，伪彩色合成。

图像说明：俄罗斯阿尔泰边疆区，靠近哈萨克斯坦边界区域。

5. 黑龙江青冈（2019 年 10月5日）

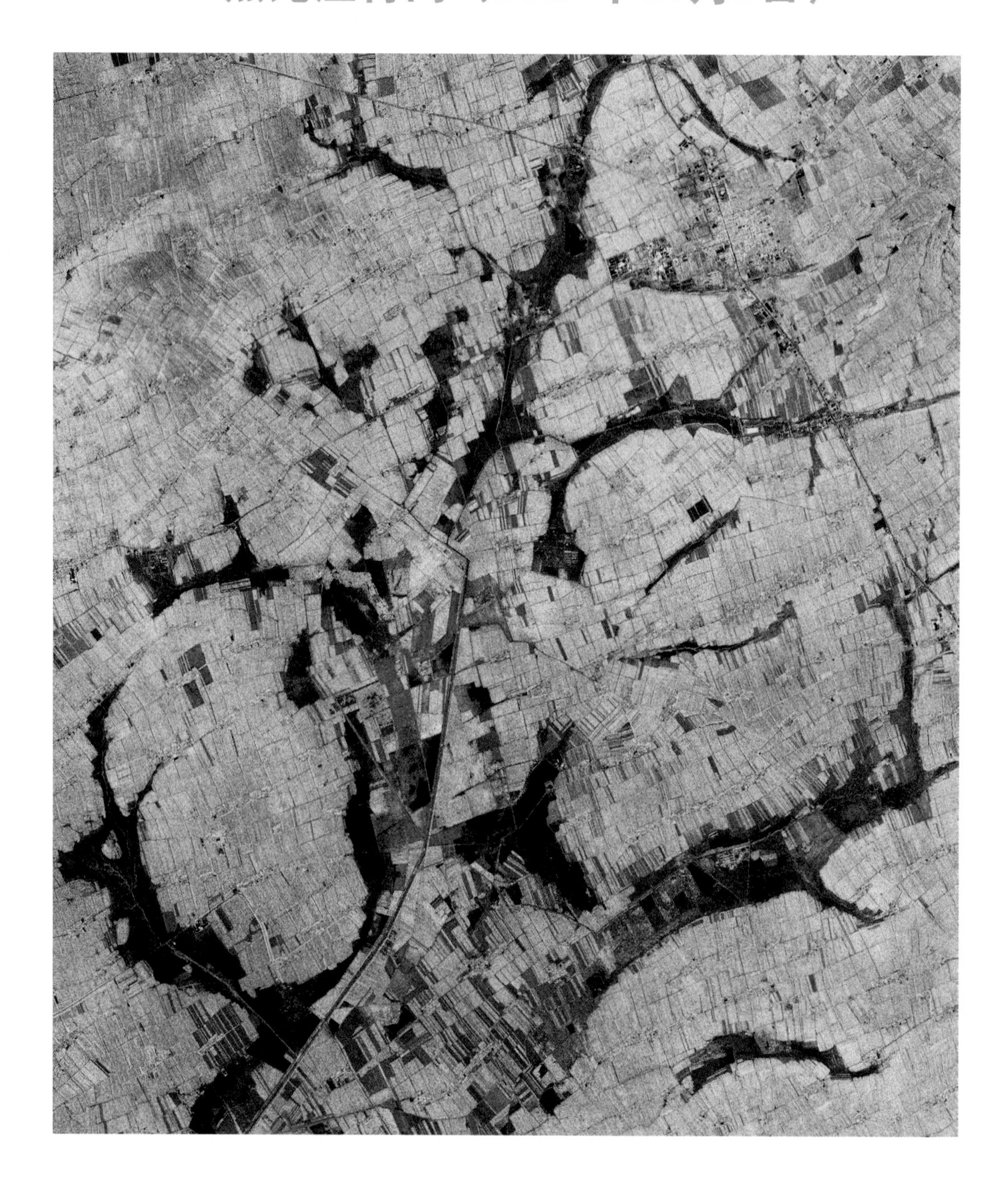

观测日期： 2019 年 10 月 5 日。

中心点经纬度： 46.6° N，126.0° E。

覆盖范围： 宽（东西向）约 30.8 km，高（南北向）约 34.3 km。

数据源信息： 高分三号卫星，全极化条带 1 成像模式数据；中心点入射角：36.0°。

图像处理过程： 空间多视，去定向 Freeman 分解，伪彩色合成。

图像说明： 图右上角红黄色建筑区即为黑龙江青冈县。

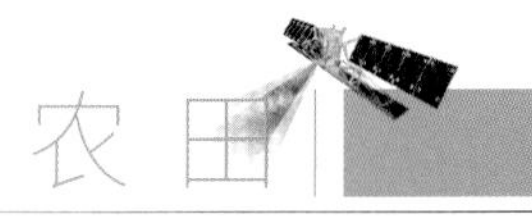

6. 俄罗斯阿尔泰边疆区域二（2019年12月8日）

观测日期：2019 年 12 月 8 日。

中心点经纬度：52.3° N，79.5° E。

覆盖范围：宽（东西向）约 31.3 km，高（南北向）约 34.3 km。

数据源信息：高分三号卫星，全极化条带 1 成像模式数据；中心点入射角：35.4°。

图像处理过程：空间多视，去定向 Freeman 分解，伪彩色合成。

图像说明：俄罗斯阿尔泰边疆区靠近哈萨克斯坦边界的农田区域图像。

7. 哈萨克斯坦科缅卡（2019 年 12月12日）

观测日期： 2019 年 12 月 12 日。

中心点经纬度： 51.2° N，70.5° E。

覆盖范围： 宽（东西向）约 31.1 km，高（南北向）约 34.3 km。

数据源信息： 高分三号卫星，全极化条带 1 成像模式数据；中心点入射角：35.7°。

图像处理过程： 空间多视，去定向 Freeman 分解，伪彩色合成。

图像说明： 哈萨克斯坦中北部区域。图左侧中部方形绿色区域即为科缅卡，图的中下部推测为大面积农田。

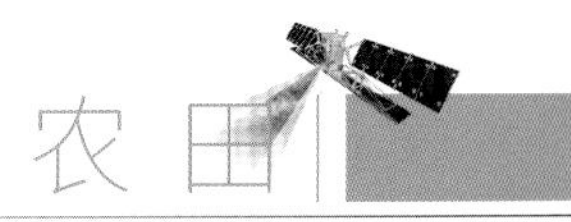

8. 新疆阿拉尔东部区域（2019年12月23日）

观测日期： 2019 年 12 月 23 日。

中心点经纬度： 40.6° N，81.5° E。

覆盖范围： 宽（东西向）约 31.3 m，高（南北向）约 34.4 km。

数据源信息： 高分三号卫星，全极化条带 1 成像模式数据；中心点入射角：35.5°。

图像处理过程： 空间多视，去定向 Freeman 分解，伪彩色合成。

图像说明： 新疆西部阿拉尔市东部农田区域图像。图左上角河流为塔里木河。

9. 新疆裕民（2019 年 12 月 23 日）

观测日期： 2019 年 12 月 23 日。

中心点经纬度： 46.2° N，83.0° E。

覆盖范围： 宽（东西向）约 31.4 km，高（南北向）约 34.3 km。

数据源信息： 高分三号卫星，全极化条带 1 成像模式数据；中心点入射角：35.3°。

图像处理过程： 空间多视，去定向 Freeman 分解，伪彩色合成。

图像说明： 新疆西北部靠近哈萨克斯坦边界区域。图像中下部红绿色区域为裕民县县城，其周边存在大量农田，图下侧为山地。

10. 朝鲜北部天水周边区域（2019年12月29日）

观测日期：2019 年 12 月 29 日。

中心点经纬度：41.8° N，128.8° E。

覆盖范围：宽（东西向）约 25.3 km，高（南北向）约 28.2 km。

数据源信息：高分三号卫星，全极化条带 1 成像模式数据；中心点入射角：37.5°。

图像处理过程：空间多视，去定向 Freeman 分解，伪彩色合成。

图像说明：朝鲜北部天水周边区域图像。推测图中蓝色区域为农田，周围为山地。

山地冰川侵蚀

1. 克什米尔西北部山地区域一（2019年1月23日）

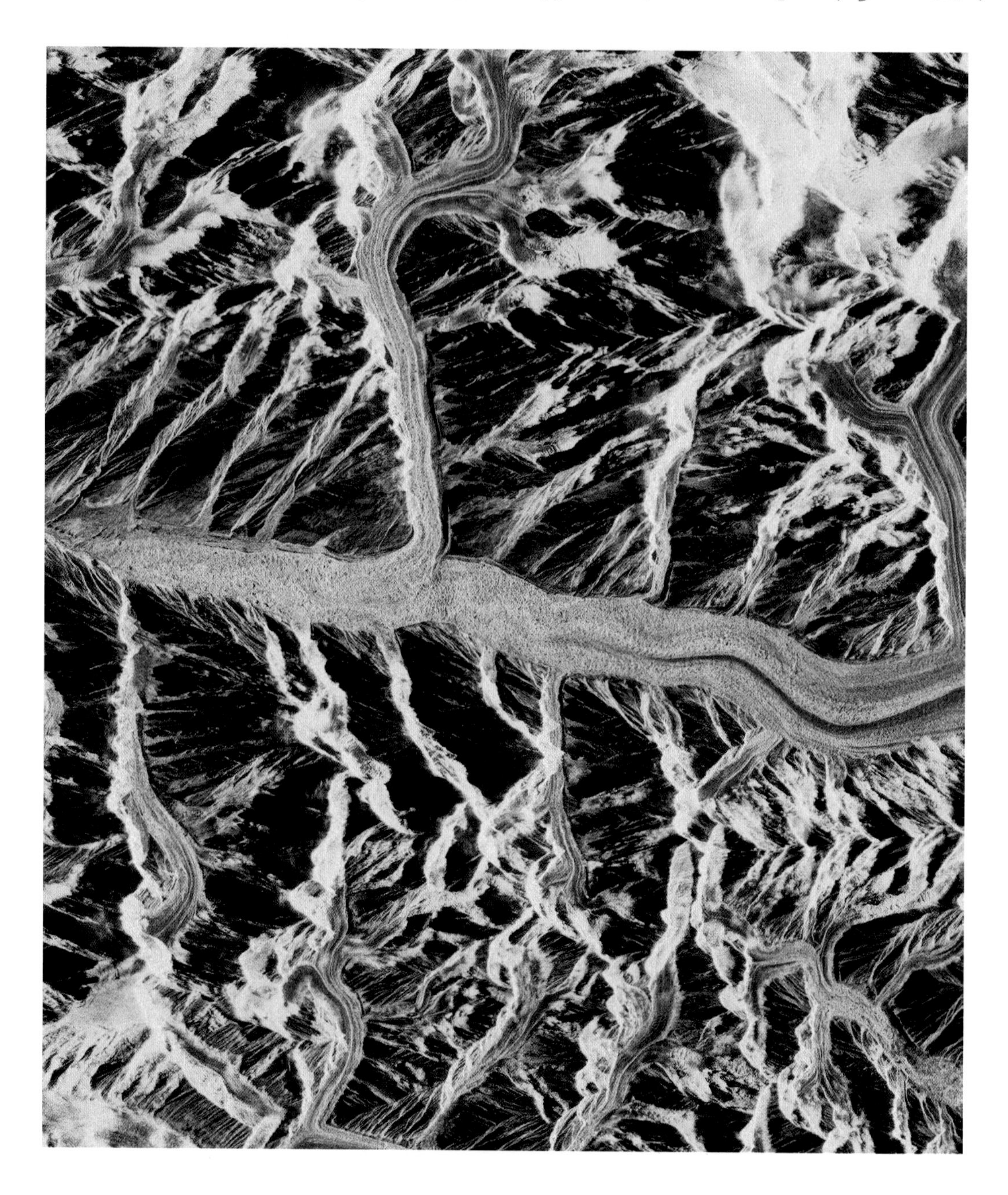

观测日期： 2019 年 1 月 23 日。

中心点经纬度： 36.1° N，75.2° E。

覆盖范围： 宽（东西向）约 30.5 km，高（南北向）约 34.4 km。

数据源信息： 高分三号卫星，全极化条带 1 成像模式数据；中心点入射角：36.4°。

图像处理过程： 空间多视，去定向 Freeman 分解，伪彩色合成。

图像说明： 该区域位于克什米尔区域的西北部，巴基斯坦实际控制区内。图中黄绿色为山顶积雪区域，其下存在冰川侵蚀的条带状地貌特征。

2. 克什米尔西北部山地区域二（2019年6月17日）

观测日期：2019 年 6 月 17 日。

中心点经纬度：36.0° N，75.1° E。

覆盖范围：宽（东西向）约 30.4 km，高（南北向）约 34.4 km。

数据源信息：高分三号卫星，全极化条带 1 成像模式数据；中心点入射角：36.7°。

图像处理过程：空间多视，去定向 Freeman 分解，伪彩色合成（幅度）。

图像说明：该区域位于克什米尔区域的西北部，巴基斯坦实际控制区内。图中黄绿色为山顶积雪区域，其下存在冰川侵蚀的条带状地貌特征。

3. 克什米尔西北部山地区域三（2019年12月8日）

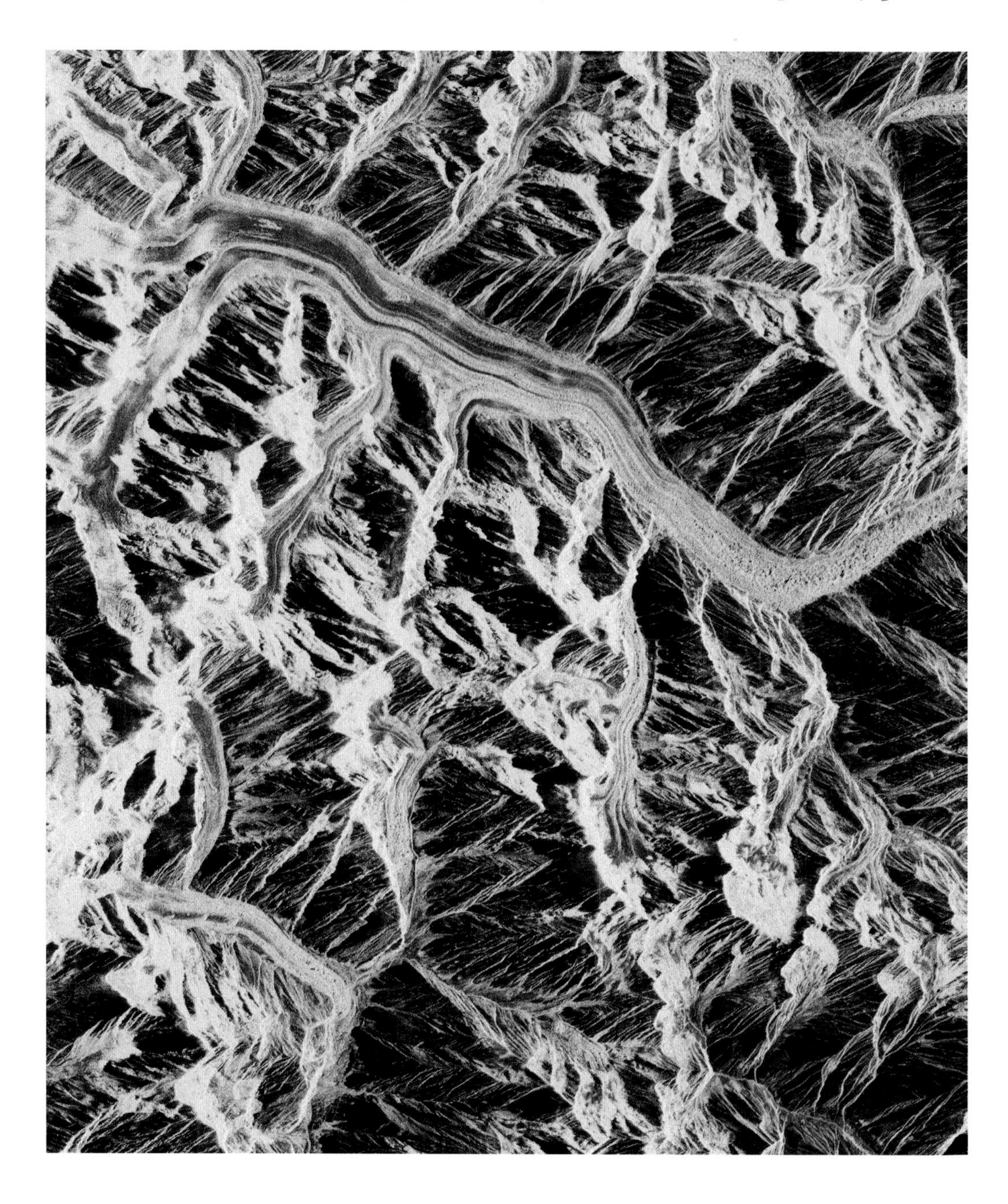

观测日期：2019 年 12 月 8 日。

中心点经纬度：35.6° N，75.2° E。

覆盖范围：宽（东西向）约 30.6 km，高（南北向）约 34.4 km。

数据源信息：高分三号卫星，全极化条带 1 成像模式数据；中心点入射角：36.3°。

图像处理过程：空间多视，去定向 Freeman 分解，伪彩色合成。

图像说明：该区域位于克什米尔区域的西北部，巴基斯坦实际控制区内。图中黄绿色为山顶积雪区域，其下存在冰川侵蚀的条带状地貌特征。

4. 西藏与新疆交界处（2019 年 5月25日）

观测日期： 2019 年 5 月 25 日。

中心点经纬度： 39.4° N，87.4° E。

覆盖范围： 宽（东西向）约 30.4 km，高（南北向）约 34.4 km。

数据源信息： 高分三号卫星，全极化条带 1 成像模式数据；中心点入射角：36.6°。

图像处理过程： 空间多视，去定向 Freeman 分解，伪彩色合成（幅度）。

图像说明： 图中黄绿色为山顶积雪区域，其下存在冰川侵蚀和类似泥石流的地貌特征。更低海拔区域存在融水冲刷痕迹。

5. 新疆阿克苏北部偏西区域（2019 年 6月 27日）

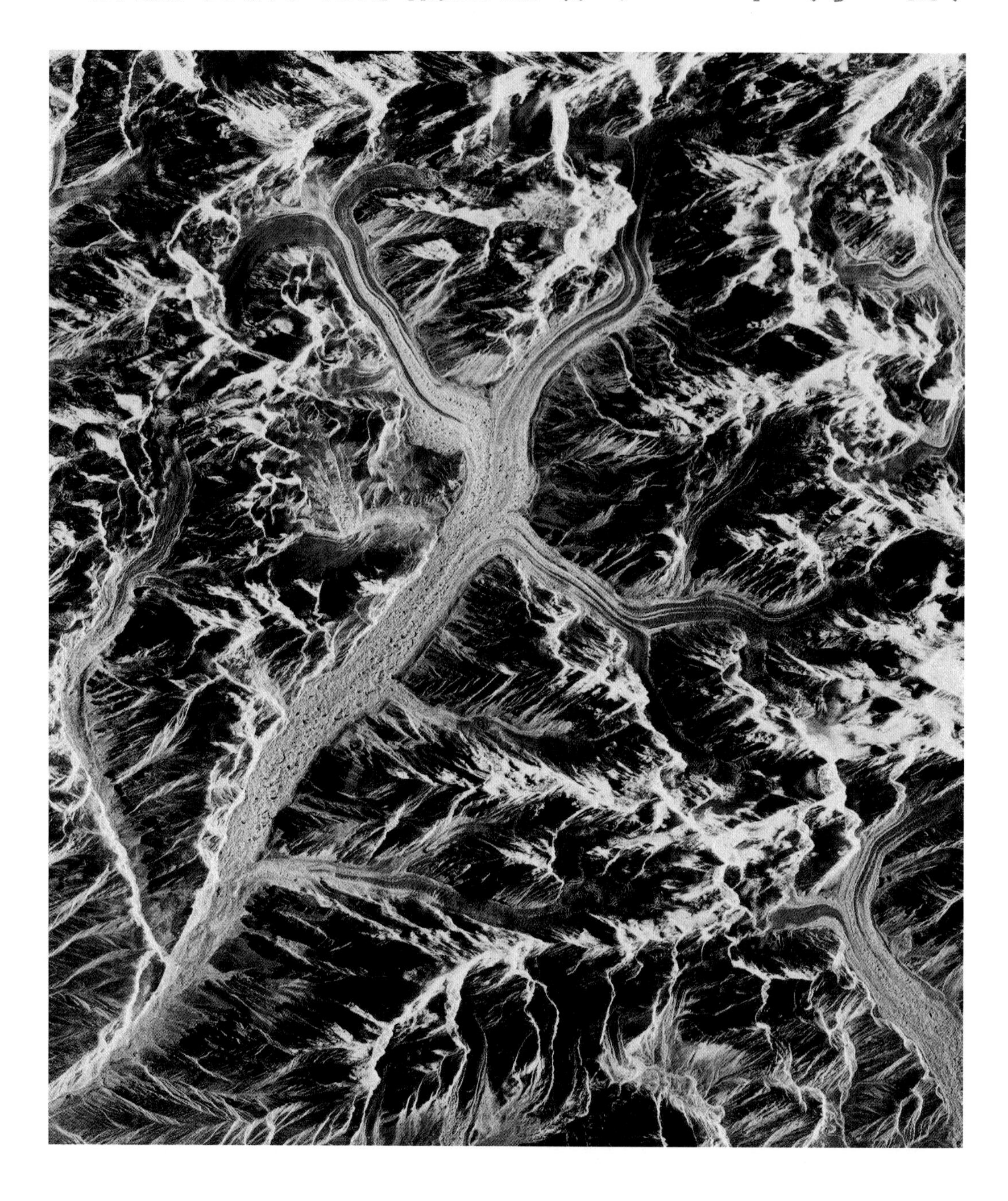

观测日期： 2019 年 6 月 27 日。

中心点经纬度： 41.9° N，80.0° E。

覆盖范围： 宽（东西向）约 30.7 km，高（南北向）约 34.4 km。

数据源信息： 高分三号卫星，全极化条带 1 成像模式数据；中心点入射角：36.2°。

图像处理过程： 空间多视，去定向 Freeman 分解，伪彩色合成。

图像说明： 该区域位于新疆阿克苏市北部靠近吉尔吉斯斯坦的边界区域。图中黄绿色为山顶积雪区域，其下存在冰川侵蚀的条带状地貌特征。

6. 新疆阿克苏北部偏东区域（2019年8月12日）

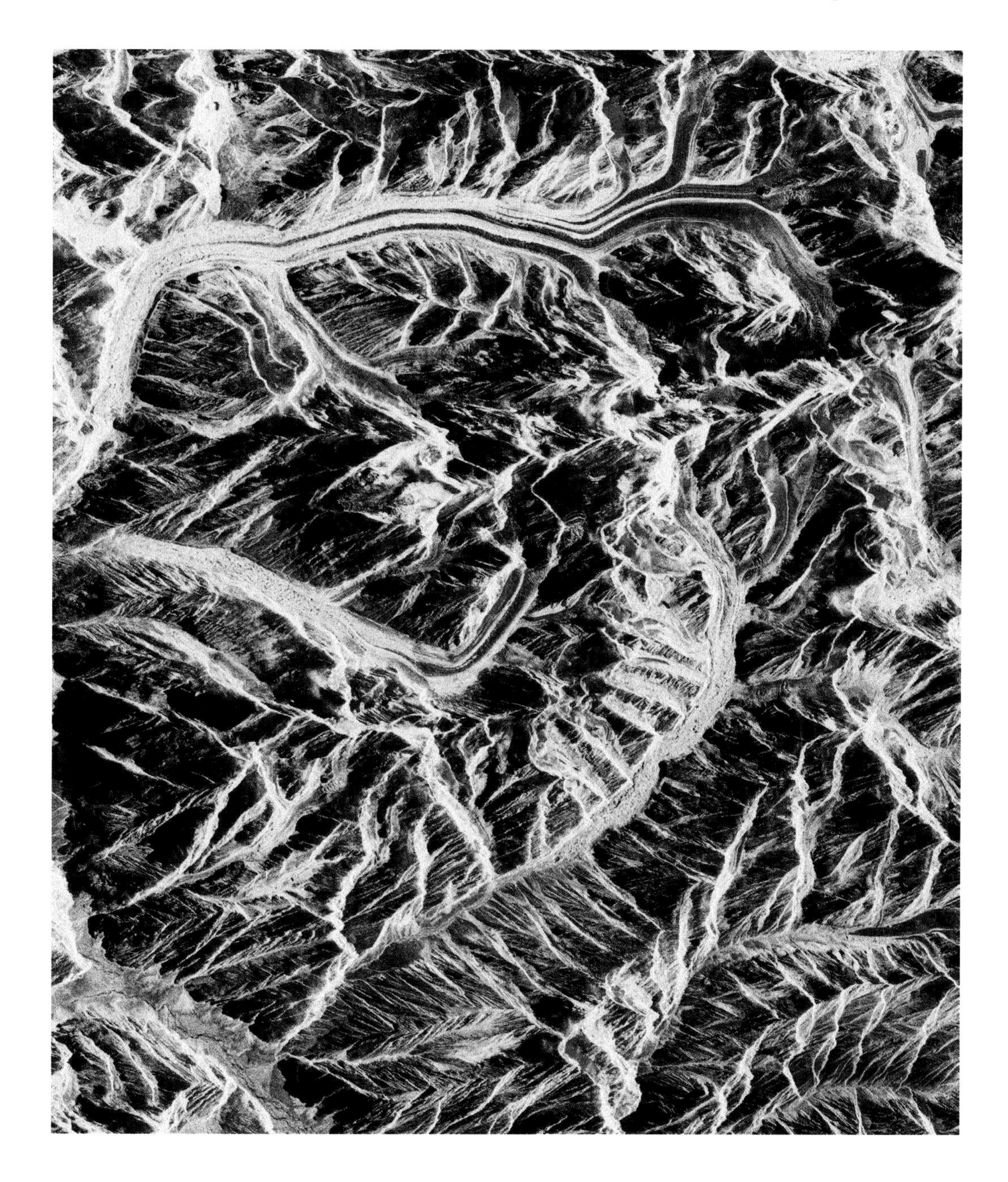

观测日期：2019 年 8 月 12 日。

中心点经纬度：42.2° N，80.9° E。

覆盖范围：宽（东西向）约 30.5 km，高（南北向）约 34.4 km。

数据源信息：高分三号卫星，全极化条带 1 成像模式数据；中心点入射角：36.5°。

图像处理过程：空间多视，去定向 Freeman 分解，伪彩色合成。

图像说明：该区域位于新疆阿克苏市北部偏东区域。图中黄绿色为山顶积雪区域，其下存在冰川侵蚀的条带状地貌特征。

融水冲刷

1. 吉尔吉斯斯坦（2017 年 11月14日）

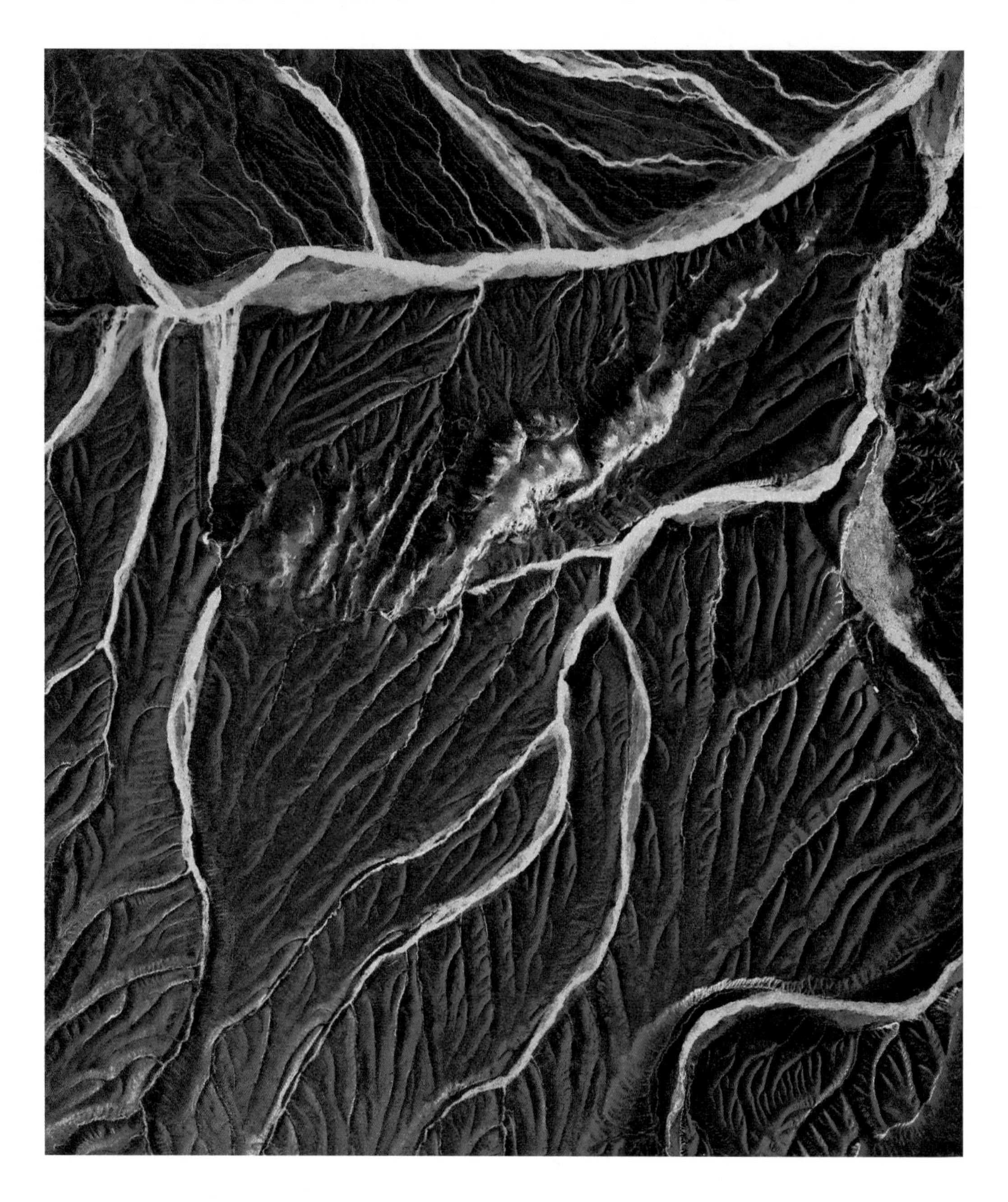

观测日期： 2017 年 11 月 14 日。

中心点经纬度： 40.6° N，75.9° E。

覆盖范围： 宽（东西向）约 22.8 km，高（南北向）约 26.5 km。

数据源信息： 高分三号卫星，全极化条带 1 成像模式数据；中心点入射角：38.3°。

图像处理过程： 空间多视，非邻域极化滤波，反射对称分解，伪彩色合成。

图像说明： 吉尔吉斯斯坦纳伦州南部靠近中国边界区域。推测为高山融水冲刷形成的独特地貌。

2. 青海中部区域（2019年1月12日）

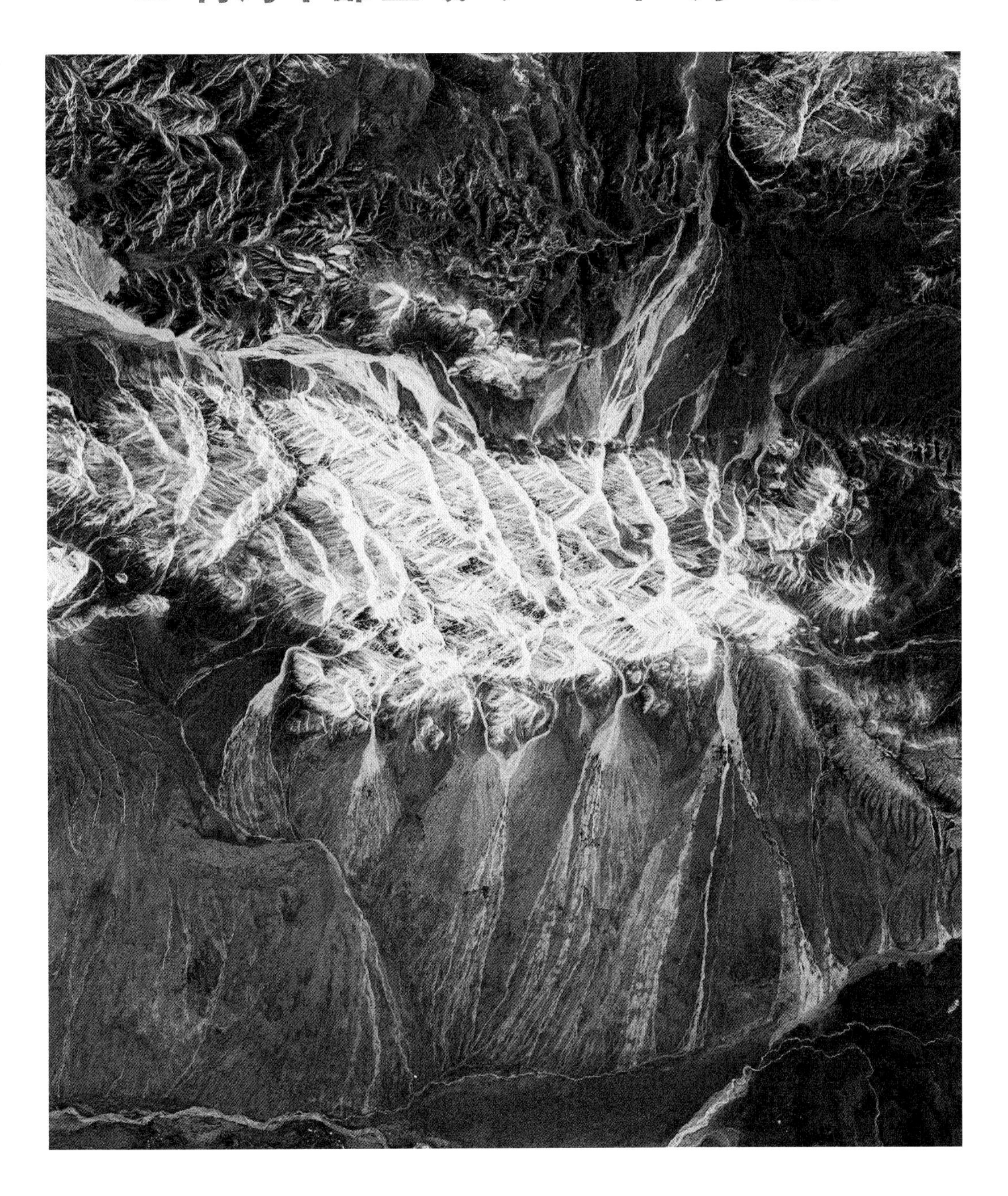

观测日期：2019 年 1 月 12 日。

中心点经纬度：35.6° N，96.7° E。

覆盖范围：宽（东西向）约 30.7 km，高（南北向）约 34.4 km。

数据源信息：高分三号卫星，全极化条带 1 成像模式数据；中心点入射角：36.2°。

图像处理过程：空间多视，去定向 Freeman 分解，伪彩色合成。

图像说明：青海中部区域。图中央为山地，其上积雪融化后冲刷地表形成的独特地貌。

3. 甘肃西部区域（2019 年 1 月 24 日）

观测日期：2019 年 1 月 24 日。

中心点经纬度：39.7° N，96.5° E。

覆盖范围：宽（东西向）约 25.5 km，高（南北向）约 28.2 km。

数据源信息：高分三号卫星，全极化条带 1 成像模式数据；中心点入射角：37.2°。

图像处理过程：空间多视，去定向 Freeman 分解，伪彩色合成。

图像说明：甘肃西部区域。图中特征推测为水流冲刷后的痕迹。

4. 新疆博斯坦乡东部区域（2019年1月26日）

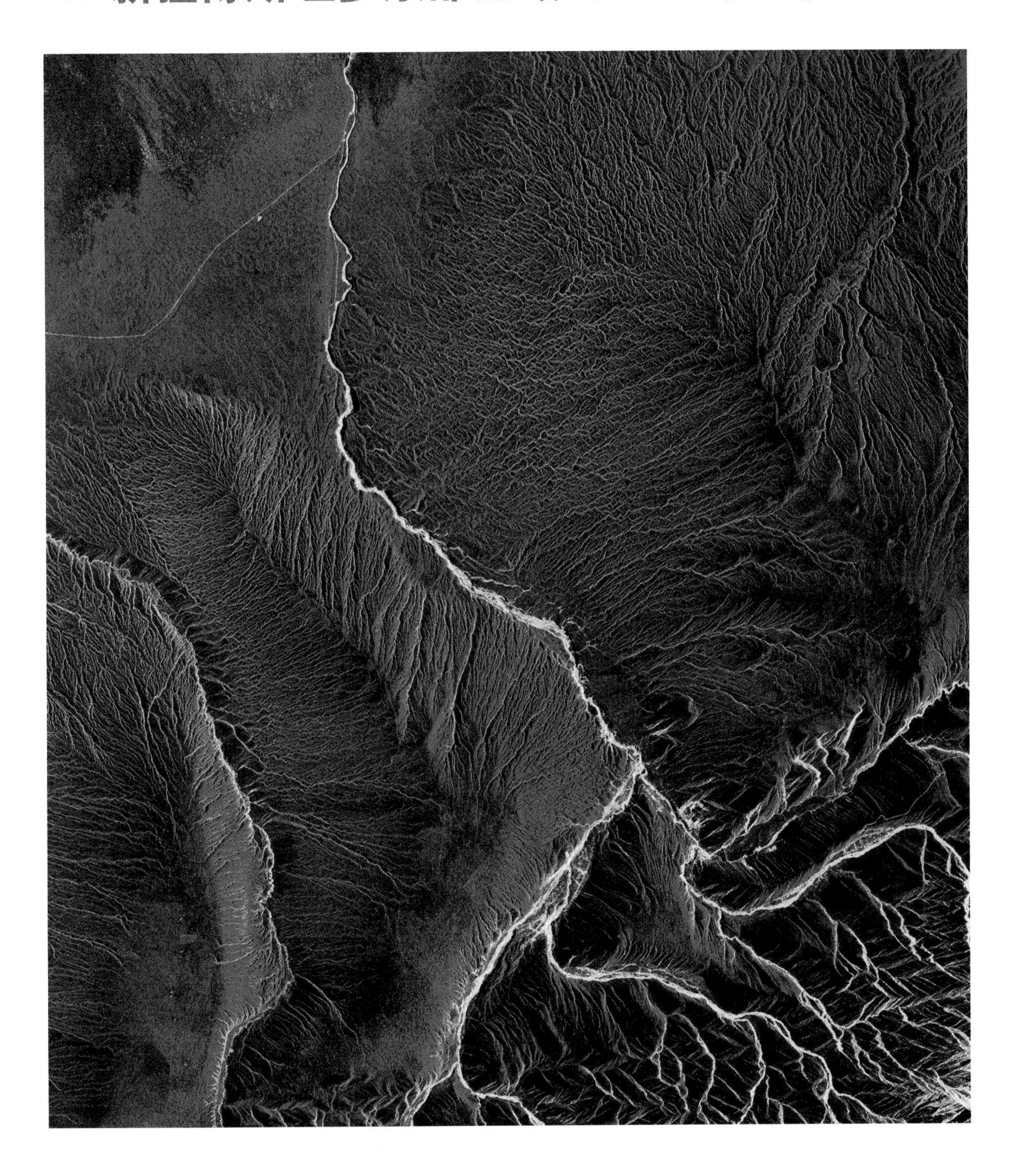

观测日期：2019 年 1 月 26 日。

中心点经纬度：36.3° N，81.5° E。

覆盖范围：宽（东西向）约 31.7 km，高（南北向）约 35.4 km。

数据源信息：高分三号卫星，全极化条带 1 成像模式数据；中心点入射角：34.9°。

图像处理过程：空间多视，去定向 Freeman 分解，伪彩色合成。

图像说明：新疆博斯坦乡东部独特地貌。图中纹理推测是因水流冲刷而形成的。

5. 新疆南部（2019 年 1 月 29 日）

观测日期： 2019 年 1 月 29 日。

中心点经纬度： 36.2° N，87.4° E。

覆盖范围： 宽（东西向）约 30.7 km，高（南北向）约 34.4 km。

数据源信息： 高分三号卫星，全极化条带 1 成像模式数据；中心点入射角：36.2°。

图像处理过程： 空间多视，去定向 Freeman 分解，伪彩色合成。

图像说明： 新疆南部与西藏交界处图像。图上部山地成黄绿色推测为积雪，其南部存在融水冲刷痕迹。

6. 蒙古国戈壁阿尔泰省东部（2019年2月5日）

观测日期： 2019 年 2 月 5 日。

中心点经纬度： 45.4° N，97.4° E。

覆盖范围： 宽（东西向）约 31.1 km，高（南北向）约 34.3 km。

数据源信息： 高分三号卫星，全极化条带 1 成像模式数据；中心点入射角：35.7°。

图像处理过程： 空间多视，去定向 Freeman 分解，伪彩色合成。

图像说明： 蒙古国戈壁阿尔泰省东部山地融水冲刷图像。

7. 甘肃石包城乡（2019 年 2 月 5 日）

观测日期： 2019 年 2 月 5 日。

中心点经纬度： 39.8° N，95.9° E。

覆盖范围： 宽（东西向）约 31.0 km，高（南北向）约 34.4 km。

数据源信息： 高分三号卫星，全极化条带 1 成像模式数据；中心点入射角：35.8°。

图像处理过程： 空间多视，去定向 Freeman 分解，伪彩色合成。

图像说明： 甘肃西部区域。图右上部红色建筑区即为石包城乡。

8. 吉尔吉斯斯坦恰特尔塔什（2019年2月21日）

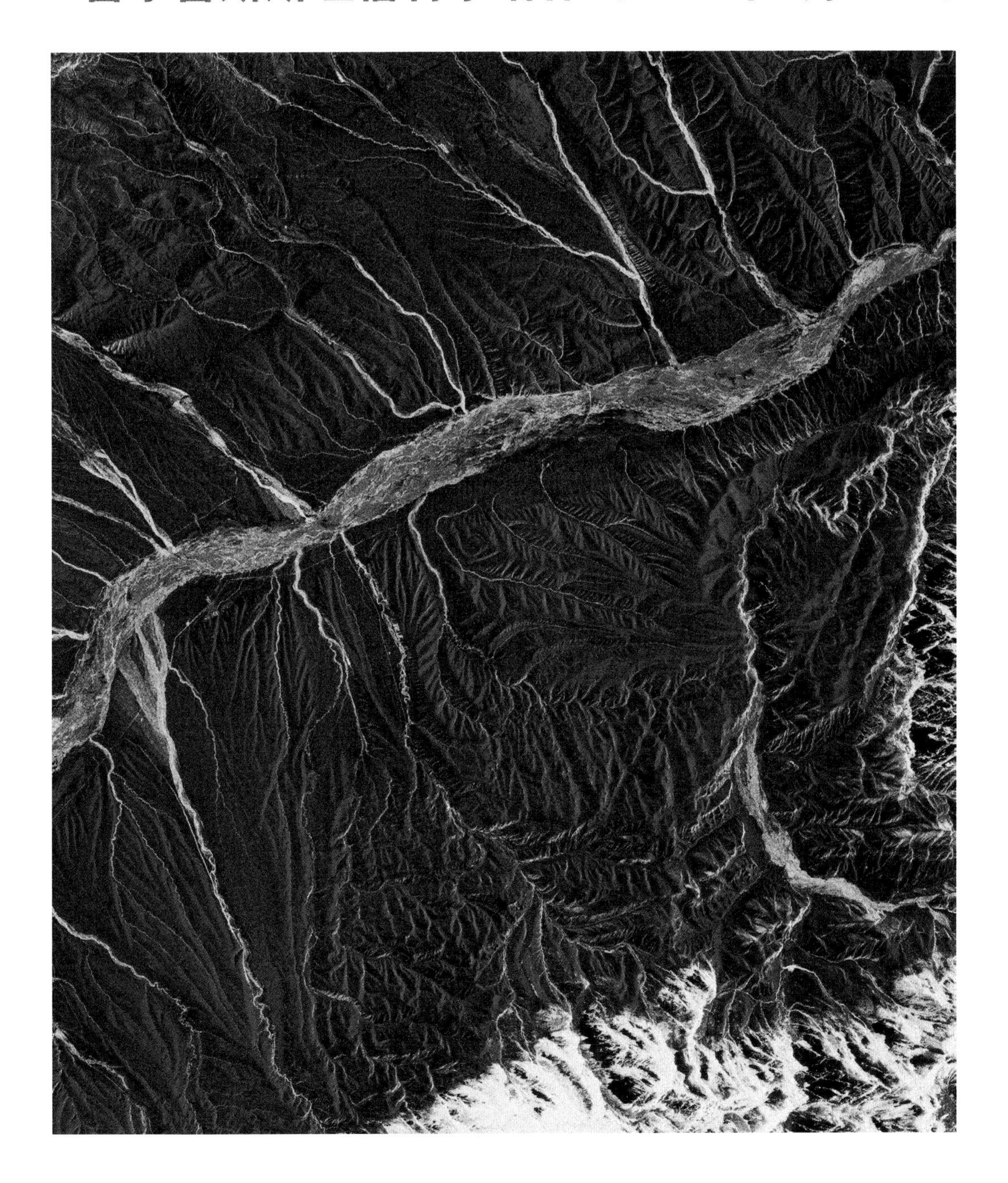

观测日期： 2019 年 2 月 21 日。

中心点经纬度： 40.8° N，76.4° E。

覆盖范围： 宽（东西向）约 30.8 km，高（南北向）约 34.4 km。

数据源信息： 高分三号卫星，全极化条带 1 成像模式数据；中心点入射角：36.0°。

图像处理过程： 空间多视，去定向 Freeman 分解，伪彩色合成。

图像说明： 吉尔吉斯斯坦东部靠近中国边界的恰特尔塔什周边区域。图中可见山地融水汇聚形成河流的地貌特征。

9. 甘肃石包城乡南部（2019年3月6日）

观测日期：2019 年 3 月 6 日。

中心点经纬度：39.6° N，96.2° E。

覆盖范围：宽（东西向）约 31.9 km，高（南北向）约 35.4 km。

数据源信息：高分三号卫星，全极化条带 1 成像模式数据；中心点入射角：34.6°。

图像处理过程：空间多视，去定向 Freeman 分解，伪彩色合成。

图像说明：甘肃石包城乡南部图像。

10. 蒙古国戈壁阿尔泰省东北部区域（2019年3月6日）

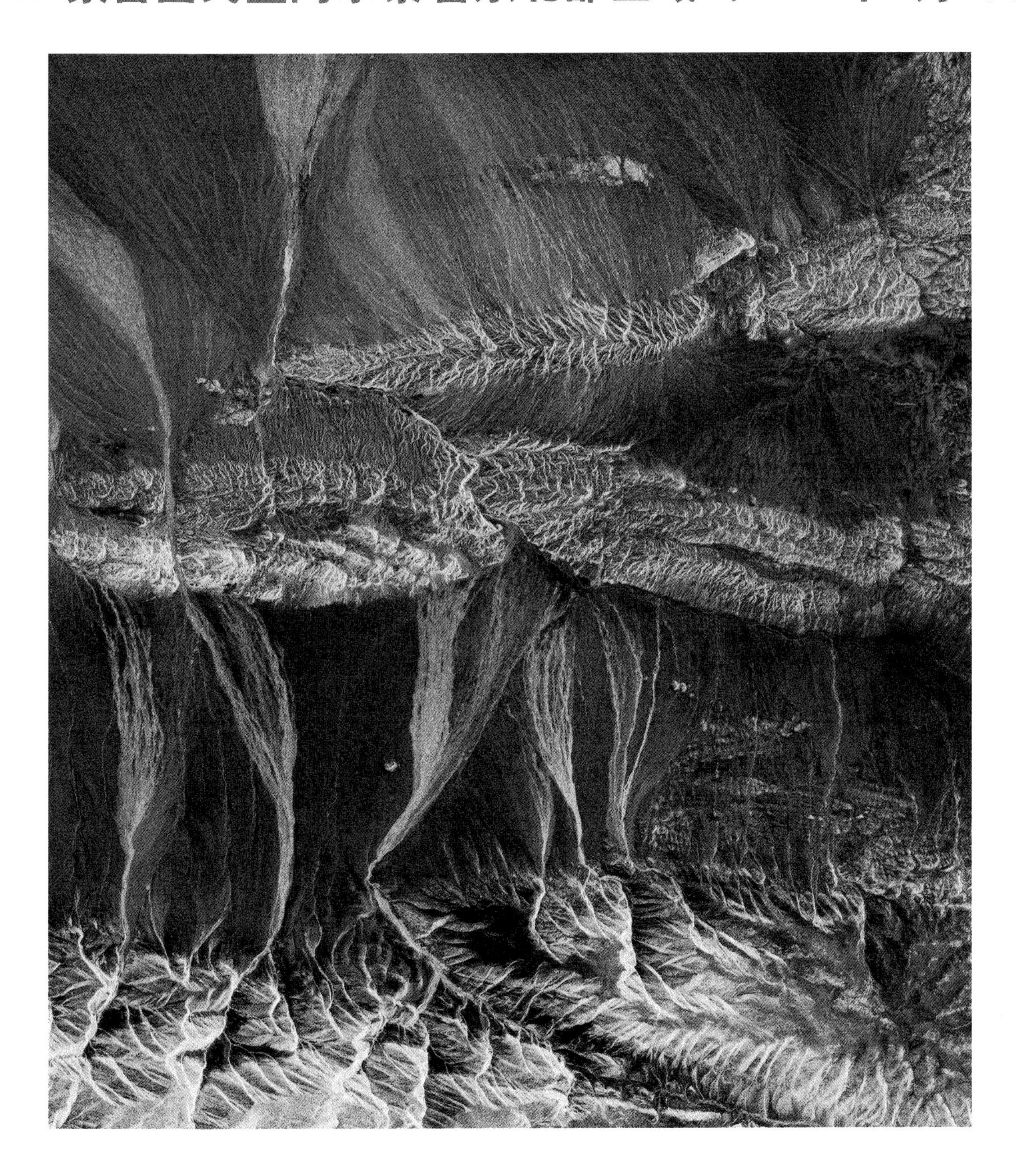

观测日期： 2019 年 3 月 6 日。

中心点经纬度： 45.5° N，97.7° E。

覆盖范围： 宽（东西向）约 32.2 km，高（南北向）约 35.4 km。

数据源信息： 高分三号卫星，全极化条带 1 成像模式数据；中心点入射角：34.3°。

图像处理过程： 空间多视，去定向 Freeman 分解，伪彩色合成。

图像说明： 蒙古国戈壁阿尔泰省东北部赫尔赫勒南部区域图像。

11. 新疆中南部区域（2019年3月6日）

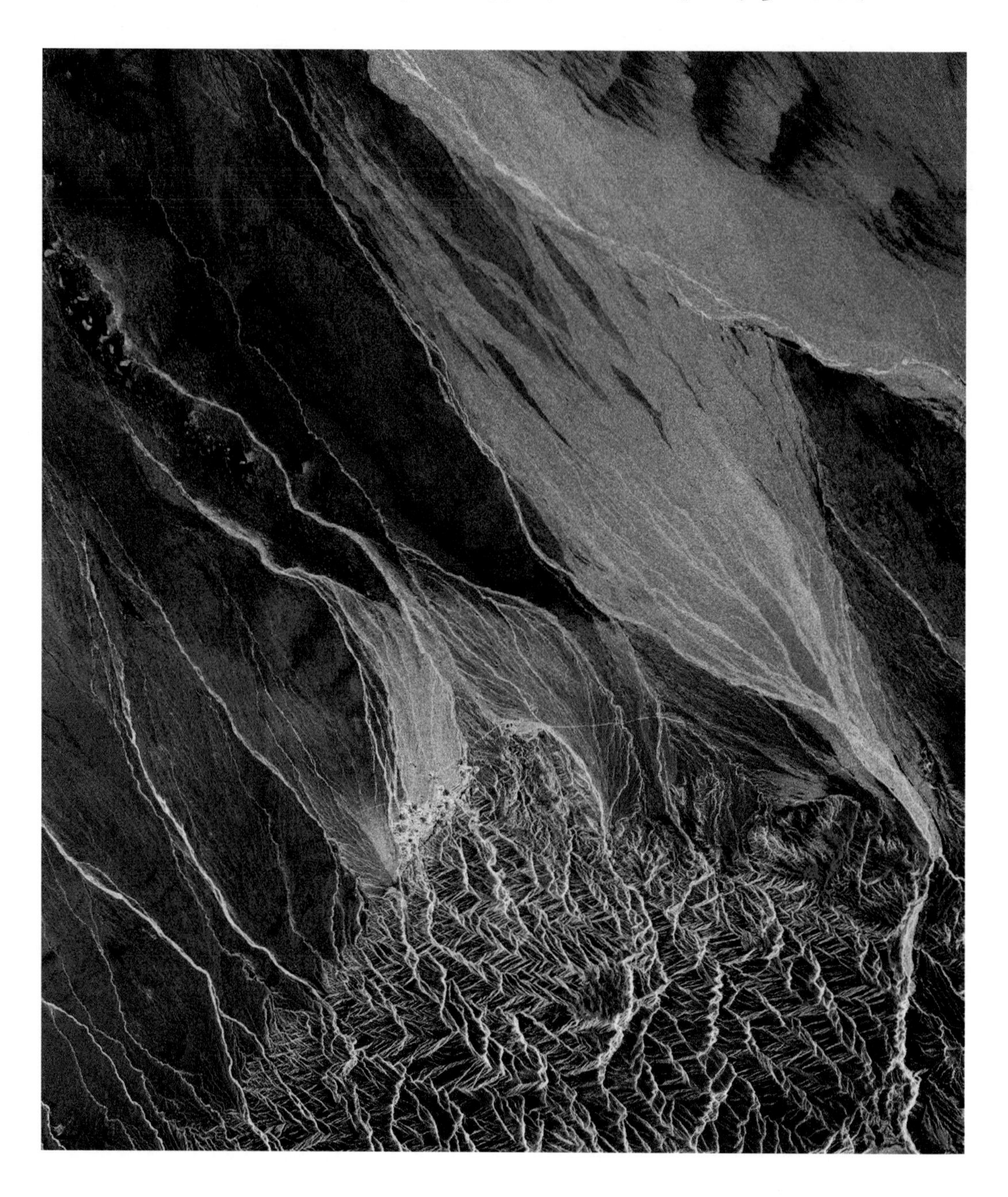

观测日期：2019 年 3 月 6 日。

中心点经纬度：37.3° N，84.9° E。

覆盖范围：宽（东西向）约 30.5 km，高（南北向）约 34.4 km。

数据源信息：高分三号卫星，全极化条带 1 成像模式数据；中心点入射角：36.4°。

图像处理过程：空间多视，去定向 Freeman 分解，伪彩色合成。

图像说明：新疆中南部融水冲刷图像。

12. 新疆西部皮山西侧区域（2019年3月15日）

观测日期： 2019 年 3 月 15 日。

中心点经纬度： 37.6° N，78.1° E。

覆盖范围： 宽（东西向）约 30.7 km，高（南北向）约 34.4 km。

数据源信息： 高分三号卫星，全极化条带 1 成像模式数据；中心点入射角：36.2°。

图像处理过程： 空间多视，去定向 Freeman 分解，伪彩色合成。

图像说明： 新疆皮山县西侧图像。山地融水冲刷处的绿色推测为农业种植区域。

13. 甘肃西部区域（2019年4月28日）

观测日期： 2019 年 4 月 28 日。

中心点经纬度： 39.1° N，94.1° E。

覆盖范围： 宽（东西向）约 30.9 km，高（南北向）约 34.4 km。

数据源信息： 高分三号卫星，全极化条带 1 成像模式数据；中心点入射角：35.9°。

图像处理过程： 空间多视，去定向 Freeman 分解，伪彩色合成。

图像说明： 甘肃西部靠近青海的区域。

14. 西藏西北部（2019 年 7 月 24 日）

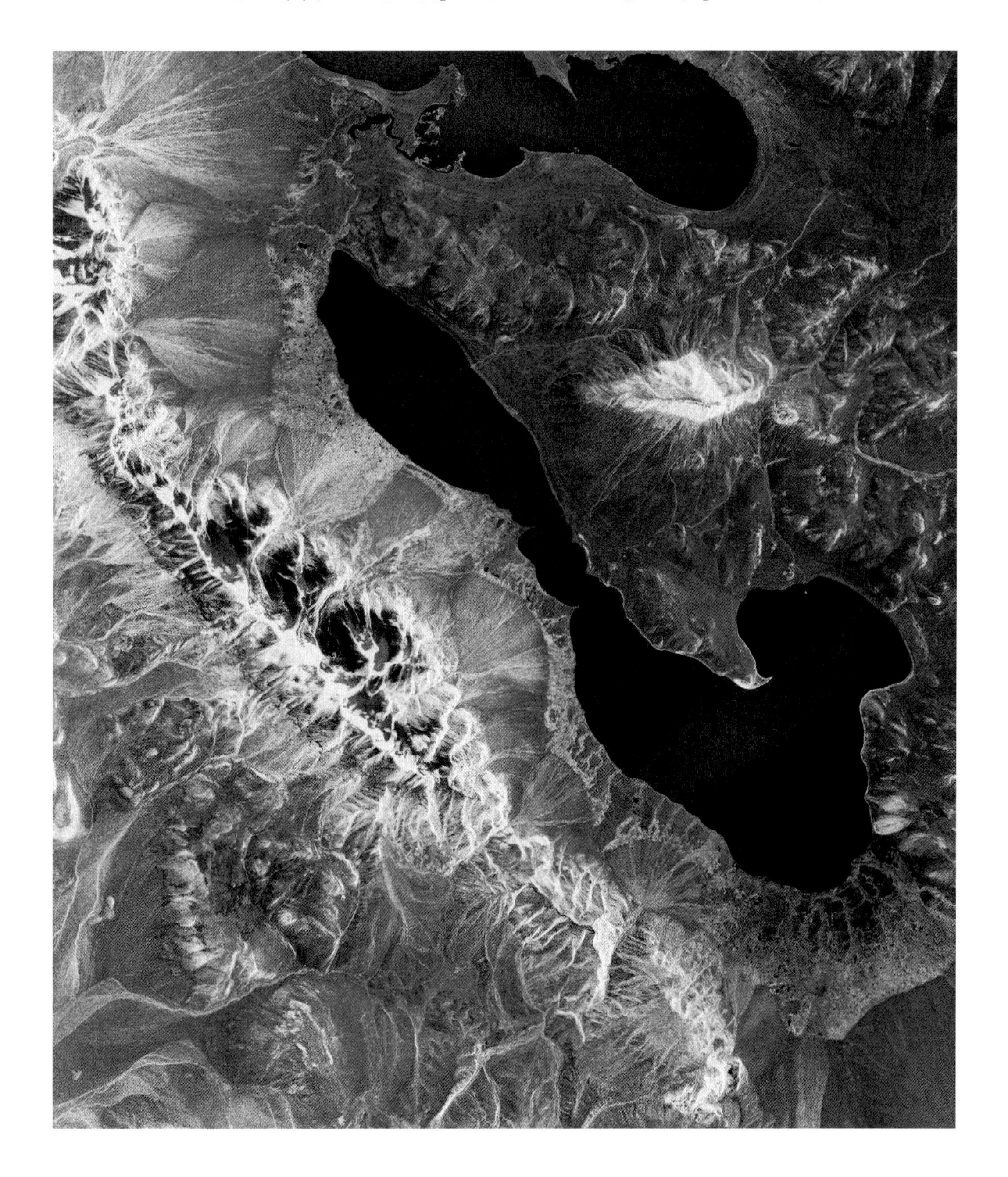

观测日期： 2019 年 7 月 24 日。

中心点经纬度： 34.0° N，82.4° E。

覆盖范围： 宽（东西向）约 30.2 km，高（南北向）约 34.4 km。

数据源信息： 高分三号卫星，全极化条带 1 成像模式数据；中心点入射角：36.8°。

图像处理过程： 空间多视，去定向 Freeman 分解，伪彩色合成。

图像说明： 西藏西北部、阿里地区图像。山地融水冲刷流入湖泊的地貌特征非常明显。

15. 西藏察布乡西南部区域（2019 年 7月29日）

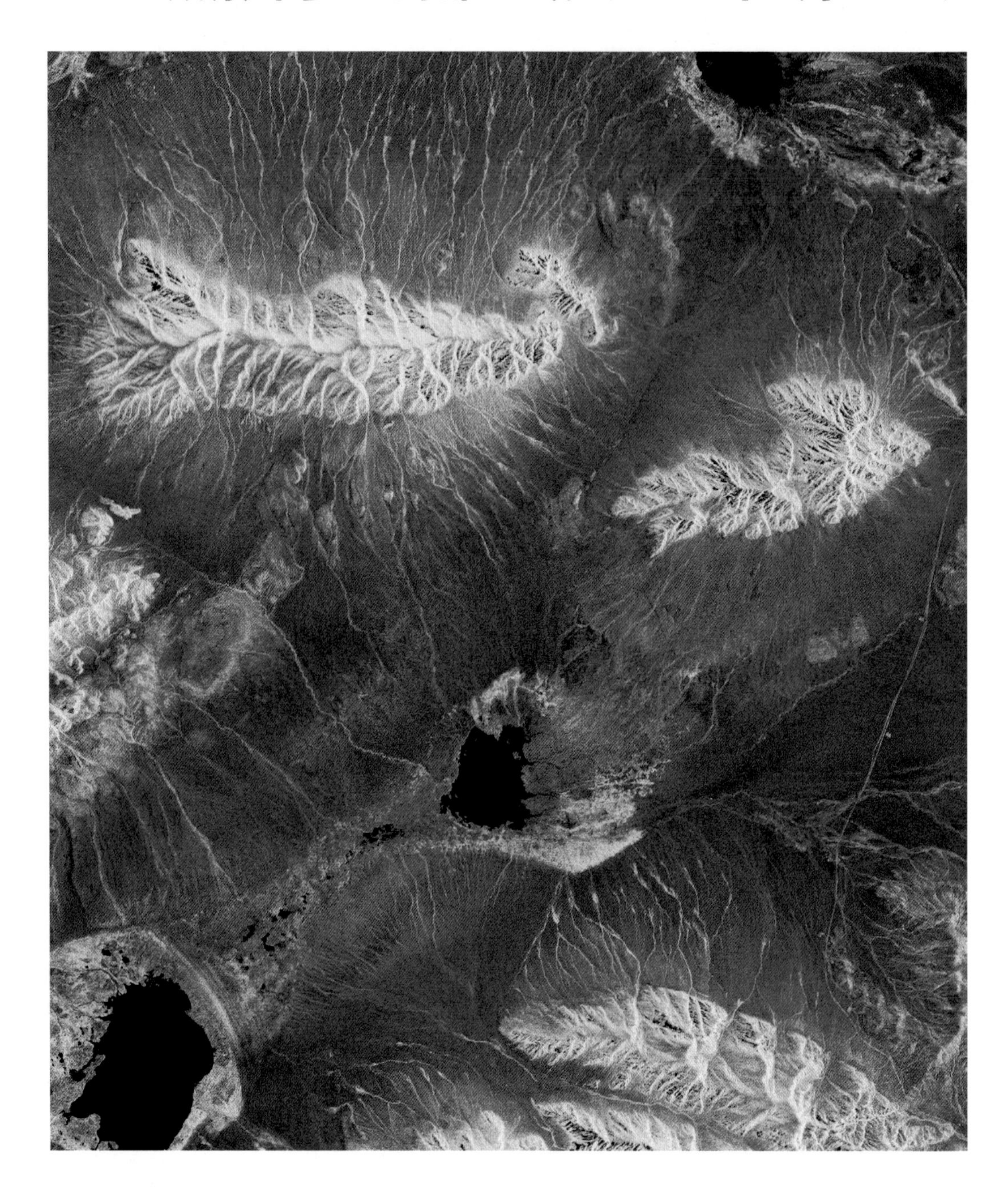

观测日期： 2019 年 7 月 29 日。

中心点经纬度： 33.1° N，84.0° E。

覆盖范围： 宽（东西向）约 30.6 km，高（南北向）约 34.4 km。

数据源信息： 高分三号卫星，全极化条带 1 成像模式数据；中心点入射角：36.3°。

图像处理过程： 空间多视，去定向 Freeman 分解，伪彩色合成。

图像说明： 西藏察布乡西南部图像。山地融水汇聚后形成湖泊。

16. 新疆北部区域（2019 年 9 月 15 日）

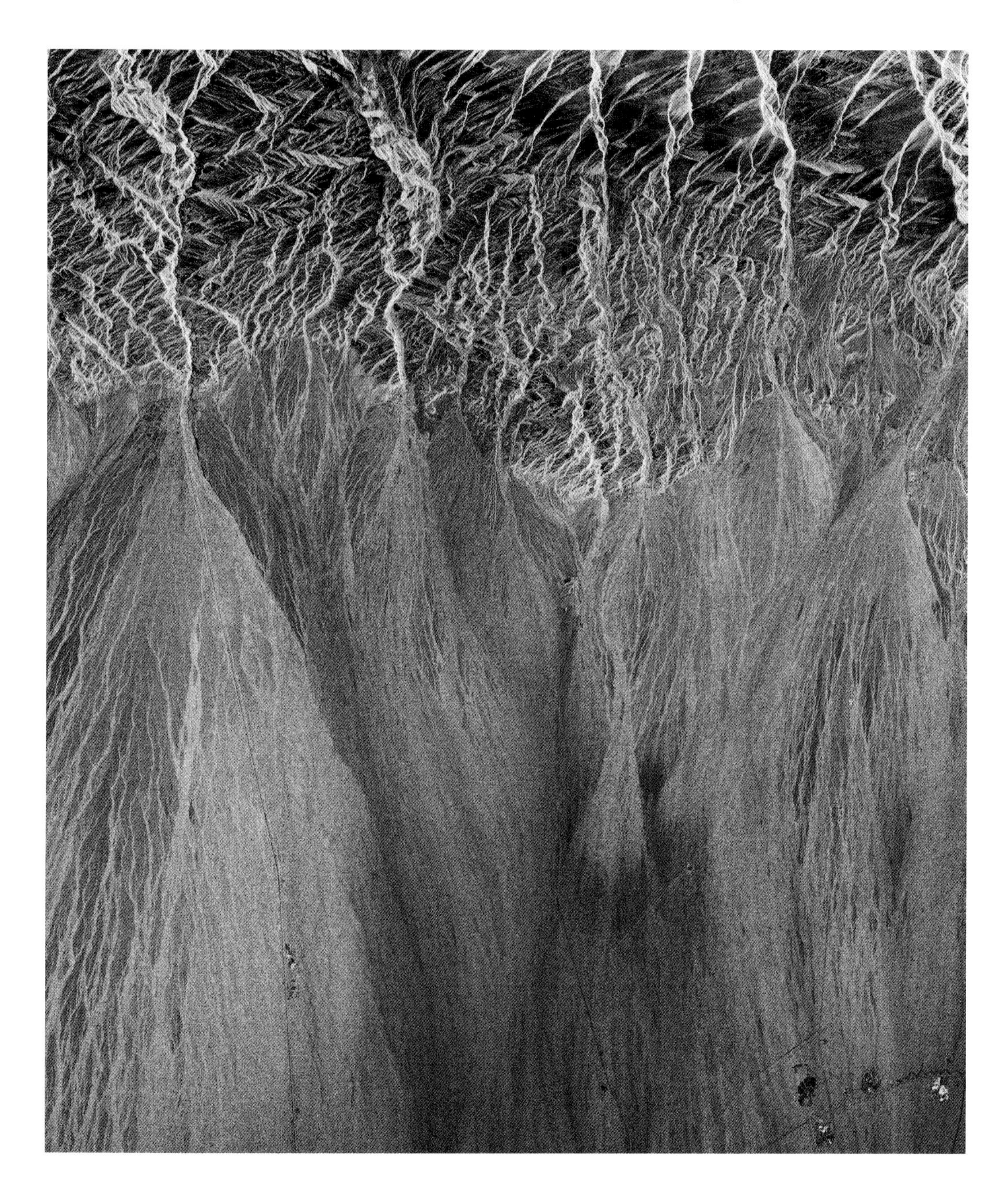

观测日期：2019 年 9 月 15 日。

中心点经纬度：43.2° N，93.4° E。

覆盖范围：宽（东西向）约 31.2 km，高（南北向）约 34.4 km。

数据源信息：高分三号卫星，全极化条带 1 成像模式数据；中心点入射角：35.6°。

图像处理过程：空间多视，去定向 Freeman 分解，伪彩色合成。

图像说明：新疆哈密市西北部区域图像。图中部偏右的红色建筑区为西山乡。

17. 新疆库米什（2019 年 11 月 3 日）

观测日期： 2019 年 11 月 3 日。

中心点经纬度： 42.3° N，88.1° E。

覆盖范围： 宽（东西向）约 25.0 km，高（南北向）约 28.4 km。

数据源信息： 高分三号卫星，全极化条带 1 成像模式数据；中心点入射角：42.7°。

图像处理过程： 空间多视，去定向 Freeman 分解，伪彩色合成。

图像说明： 新疆中部图像。图中部右侧黄色建筑区域为库米什镇，图中部为 G3012 公路。

18. 新疆且末南部区域（2019年12月4日）

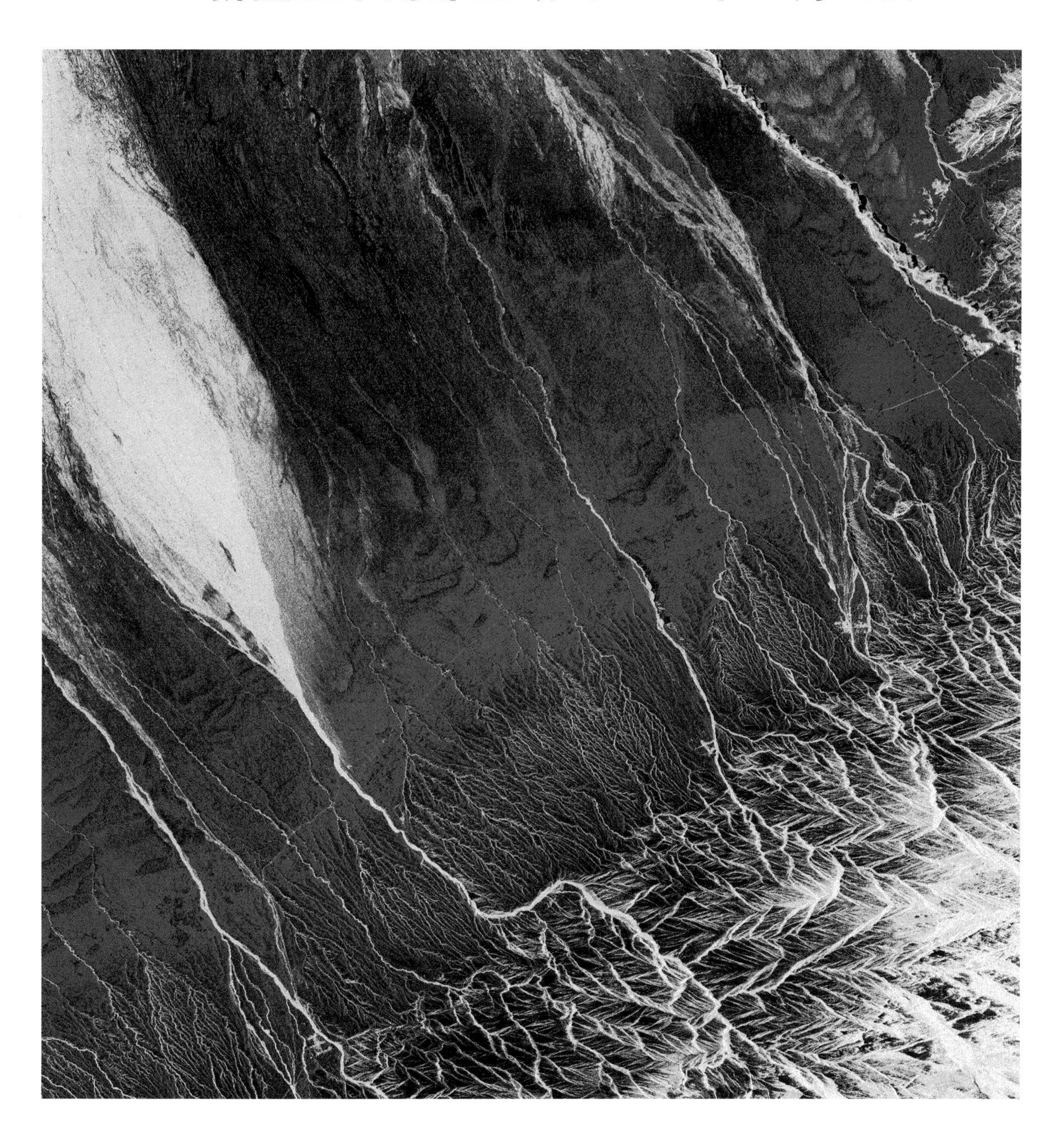

观测日期：2019 年 12 月 4 日。

中心点经纬度：37.5° N，85.7° E。

覆盖范围：宽（东西向）约 39.0 km，高（南北向）约 43.5 km。

数据源信息：高分三号卫星，全极化条带 1 成像模式数据；中心点入射角：27.7°。

图像处理过程：空间多视，去定向 Freeman 分解，伪彩色合成。

图像说明：新疆南部的且末县南部山地融水冲刷地貌图像。

19. 新疆和田东部区域（2019 年 12月23日）

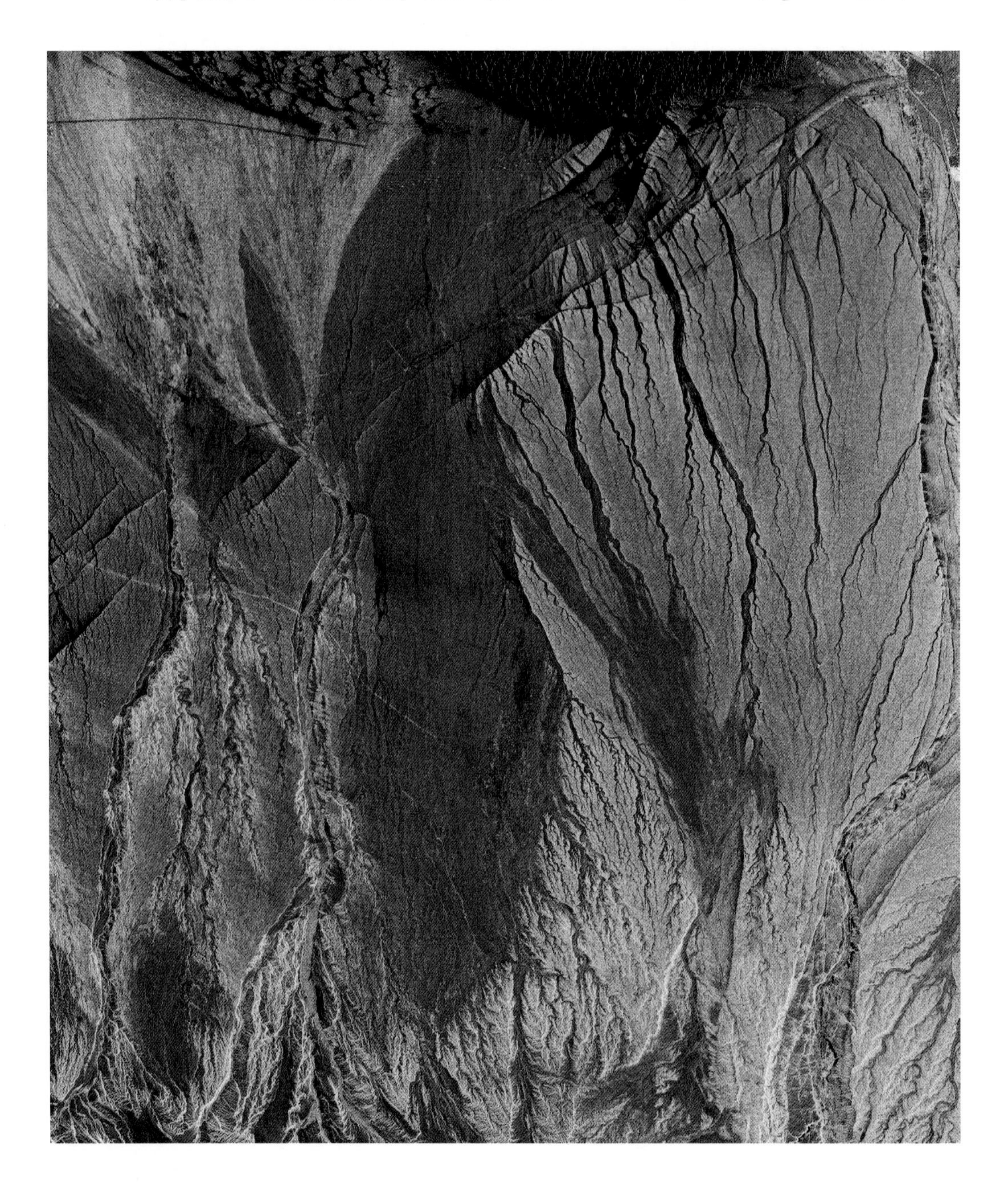

观测日期：2019 年 12 月 23 日。

中心点经纬度：36.8° N，80.6° E。

覆盖范围：宽（东西向）约 31.1 km，高（南北向）约 34.4 km。

数据源信息：高分三号卫星，全极化条带 1 成像模式数据；中心点入射角：35.6°。

图像处理过程：空间多视，去定向 Freeman 分解，伪彩色合成。

图像说明：新疆南部和田市东部区域融水冲刷地物图像。

20. 青海省西部区域（2019年12月23日）

观测日期： 2019 年 12 月 23 日。

中心点经纬度： 36.7° N，92.1° E。

覆盖范围： 宽（东西向）约 36.5 km，高（南北向）约 41.8 km。

数据源信息： 高分三号卫星，全极化条带 1 成像模式数据；中心点入射角：29.7°。

图像处理过程： 空间多视，去定向 Freeman 分解，伪彩色合成。

图像说明： 青海西部山地融水冲刷地貌图像。

海岸带

1. 缅甸伊洛瓦底省南部区域一（2019 年 3 月 4 日）

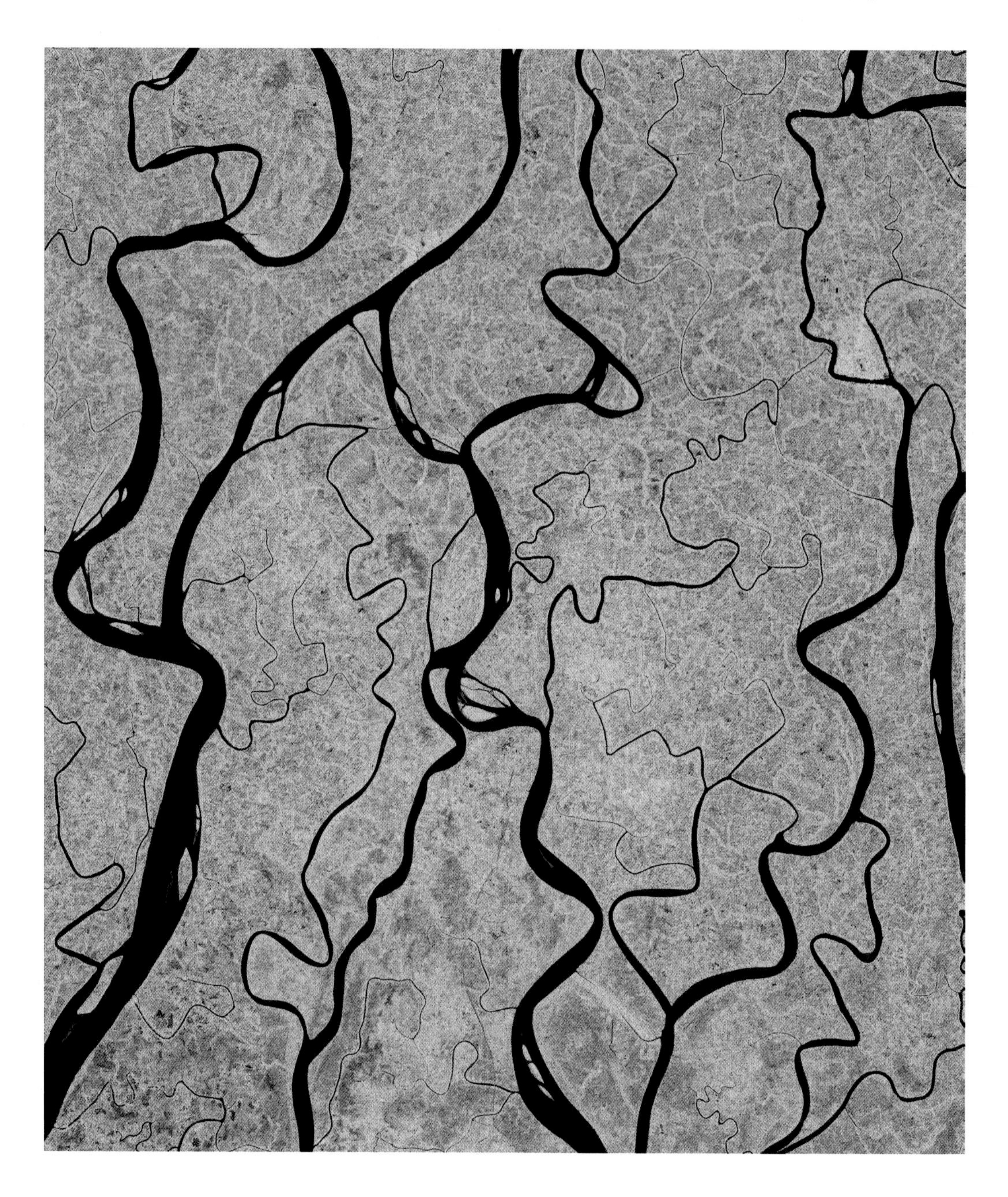

观测日期： 2019 年 3 月 4 日。

中心点经纬度： 16.3° N，95.1° E。

覆盖范围： 宽（东西向）约 31.0 km，高（南北向）约 34.5 km。

数据源信息： 高分三号卫星，全极化条带 1 成像模式数据；中心点入射角：35.8°。

图像处理过程： 空间多视，去定向 Freeman 分解，伪彩色合成。

图像说明： 缅甸伊洛瓦底省南部靠近印度洋的海岸带区域。地物呈现一定红色表明存在一定程度的二次散射，其具体形成机理还有待研究。

2. 缅甸伊洛瓦底省南部区域二（2019年4月2日）

观测日期： 2019 年 4 月 2 日。

中心点经纬度： 16.1° N，95.1° E。

覆盖范围： 宽（东西向）约 30.9 km，高（南北向）约 34.5 km。

数据源信息： 高分三号卫星，全极化条带 1 成像模式数据；中心点入射角：36.0°。

图像处理过程： 空间多视，去定向 Freeman 分解，伪彩色合成。

图像说明： 缅甸伊洛瓦底省南部靠近印度洋的海岸带区域。图像以黄绿色的面散射和体散射为主。

3. 缅甸伊洛瓦底省东南部沿海区域（2019年6月16日）

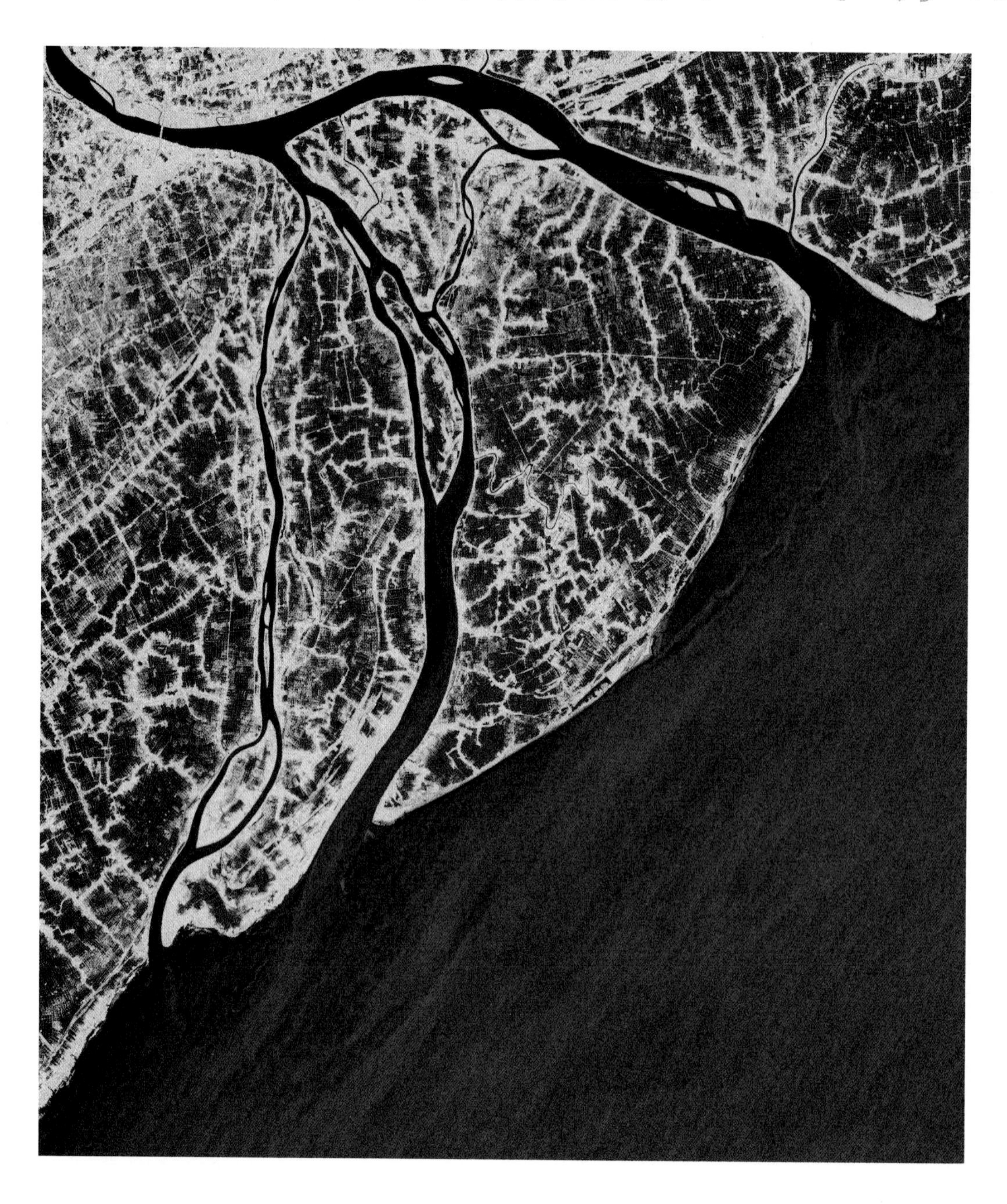

观测日期：2019 年 6 月 16 日。

中心点经纬度：16.3° N，96.0° E。

覆盖范围：宽（东西向）约 31.0 km，高（南北向）约 34.5 km。

数据源信息：高分三号卫星，全极化条带 1 成像模式数据；中心点入射角：35.8°。

图像处理过程：空间多视，去定向 Freeman 分解，伪彩色合成。

图像说明：缅甸伊洛瓦底省东南部靠近印度洋的海岸带区域独特地貌。图中存在大量密密麻麻的小方格，推测为陆地上的水田或养殖区。

4. 印度东北部沿岸区域（2019 年 11 月 13 日）

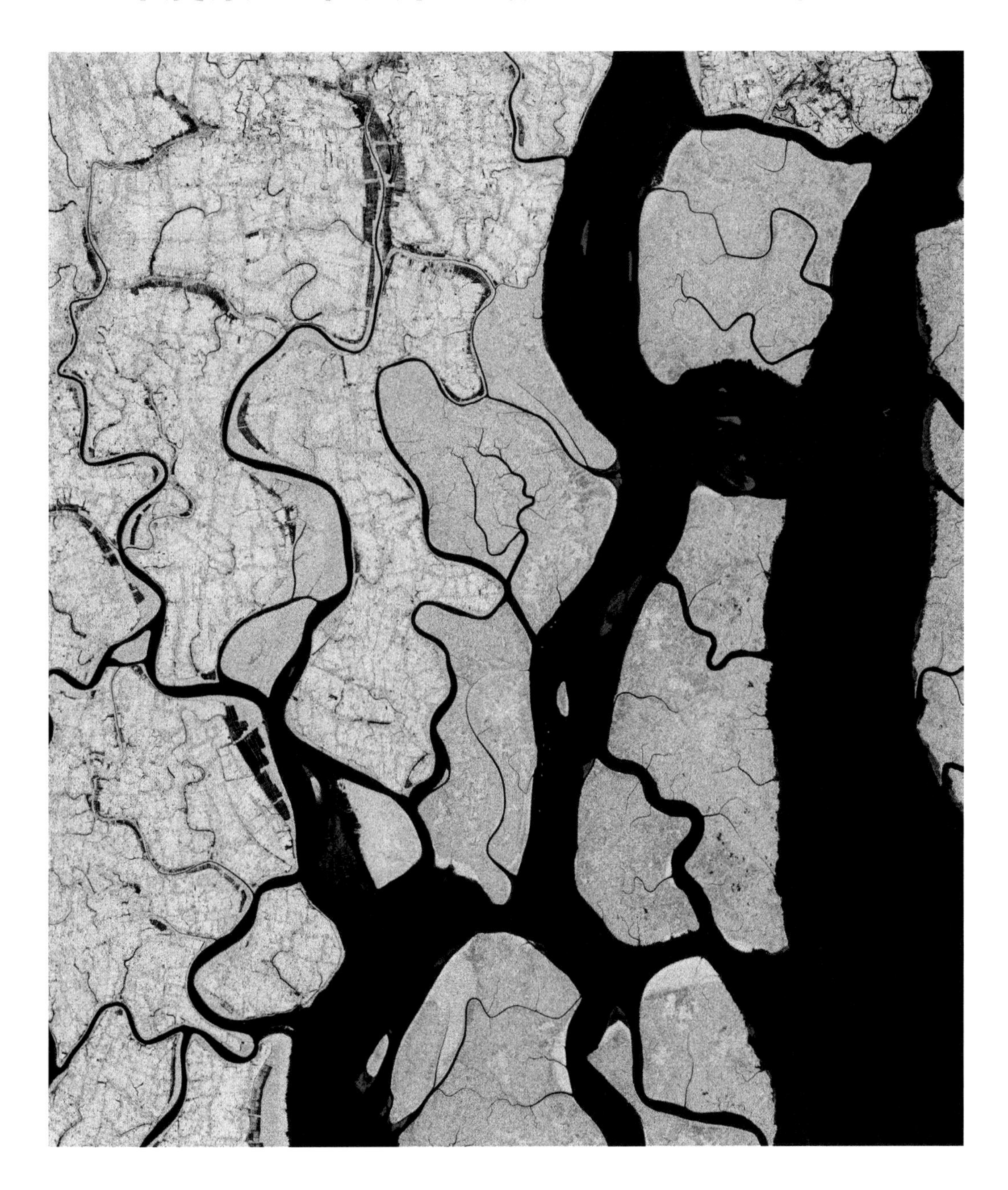

观测日期： 2019 年 11 月 13 日。

中心点经纬度： 21.9° N，88.6° E。

覆盖范围： 宽（东西向）约 31.0 km，高（南北向）约 34.4 km。

数据源信息： 高分三号卫星，全极化条带 1 成像模式数据；中心点入射角：35.8°。

图像处理过程： 空间多视，去定向 Freeman 分解，伪彩色合成。

图像说明： 印度东北部、加尔各答南部靠近海洋的区域。

5. 印度东南沿海区域（2019 年 12月4日）

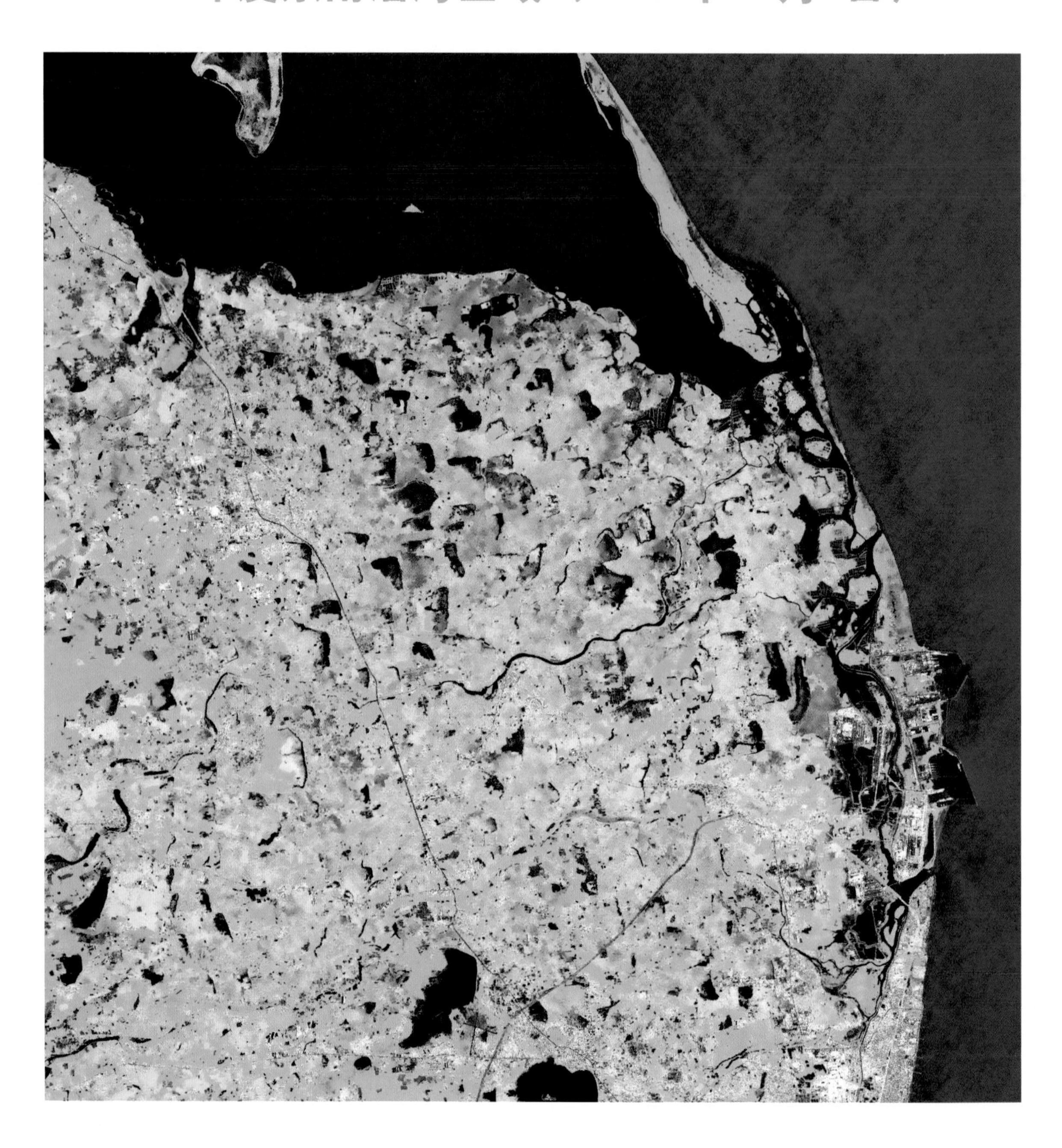

观测日期：2019 年 12 月 4 日。
中心点经纬度：13.4° N，80.2° E。
覆盖范围：宽（东西向）约 38.9 km，高（南北向）约 43.6 km。
数据源信息：高分三号卫星，全极化条带 1 成像模式数据；中心点入射角：27.8°。
图像处理过程：空间多视，非邻域极化滤波，反射对称分解，伪彩色合成。
图像说明：印度东南部印度洋沿海区域遥感图像。图右下角红色建筑区域为印度金奈的北部建筑区域。

水上养殖

1. 山东日照岚山区南部沿海（2019 年 3 月 30 日）

观测日期： 2019 年 3 月 30 日。

中心点经纬度： 35.1° N，119.4° E。

覆盖范围： 宽（东西向）约 30.6 km，高（南北向）约 34.4 km。

数据源信息： 高分三号卫星，全极化条带 1 成像模式数据；中心点入射角：36.3°。

图像处理过程： 空间多视，非邻域极化滤波，反射对称分解，伪彩色合成（幅度）。

图像说明： 图中部陆地上建筑区域即对应山东日照市的岚山区，其南部的海面区域存在大量海上养殖类地物特征。

2. 江苏连云港海上养殖（2019年4月4日）

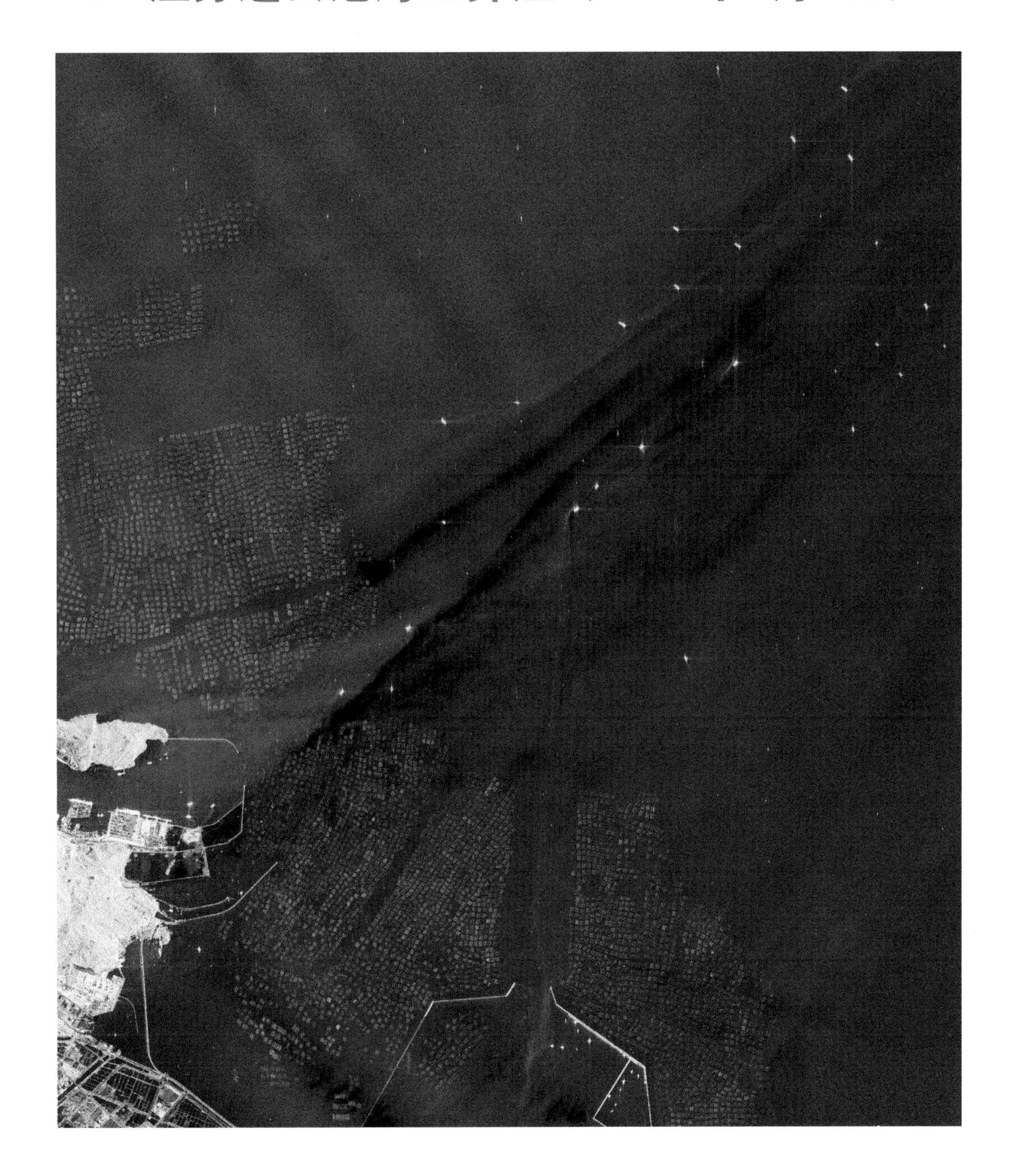

观测日期：2019 年 4 月 4 日。

中心点经纬度：34.8° N，119.6° E。

覆盖范围：宽（东西向）约 30.6 km，高（南北向）约 34.4 km。

数据源信息：高分三号卫星，全极化条带 1 成像模式数据；中心点入射角：36.3°。

图像处理过程：空间多视，去定向 Freeman 分解，伪彩色合成（幅度）。

图像说明：江苏连云港市附近海域。图左下部靠近岸边的海面上存在大面积的海上养殖区，图右上部的海面上存在大量船舶目标。幅度图像相对于功率图像对于弱目标会有更好的显示效果，但整体会有一种灰蒙蒙的感觉。

3. 福建诏安海上养殖（2019年4月4日）

观测日期：2019 年 4 月 4 日。

中心点经纬度：23.7° N，117.2° E。

覆盖范围：宽（东西向） 约 30.5 km，高（南北向）约 34.4 km。

数据源信息：高分三号卫星，全极化条带 1 成像模式数据；中心点入射角：36.5°。

图像处理过程：空间多视，非邻域极化滤波，反射对称分解，伪彩色合成（幅度）。

图像说明：诏安县地处华东华南交界处，海上为东海与南海交界处。图中部偏左的粉色区域即为福建漳州市诏安县县城。图中诏安县东南方向海面上存在大面积海上养殖区域，其中东部区域 V 字形和长方形的特征交错出现。

4. 高邮湖（2019年4月4日）

观测日期：2019 年 4 月 4 日。

中心点经纬度：32.9° N，119.2° E。

覆盖范围：宽（东西向）约 30.6 km，高（南北向）约 34.4 km。

数据源信息：高分三号卫星，全极化条带 1 成像模式数据；中心点入射角：36.4°。

图像处理过程：空间多视，去定向 Freeman 分解，伪彩色合成（幅度）。

图像说明：高邮湖属淮河流域，跨江苏扬州市、安徽天长市，一般水深 5.55 m，湖中靠近岸边存在大量水产养殖区域。

5. 广西北海沿海区域（2019 年 5 月 24 日）

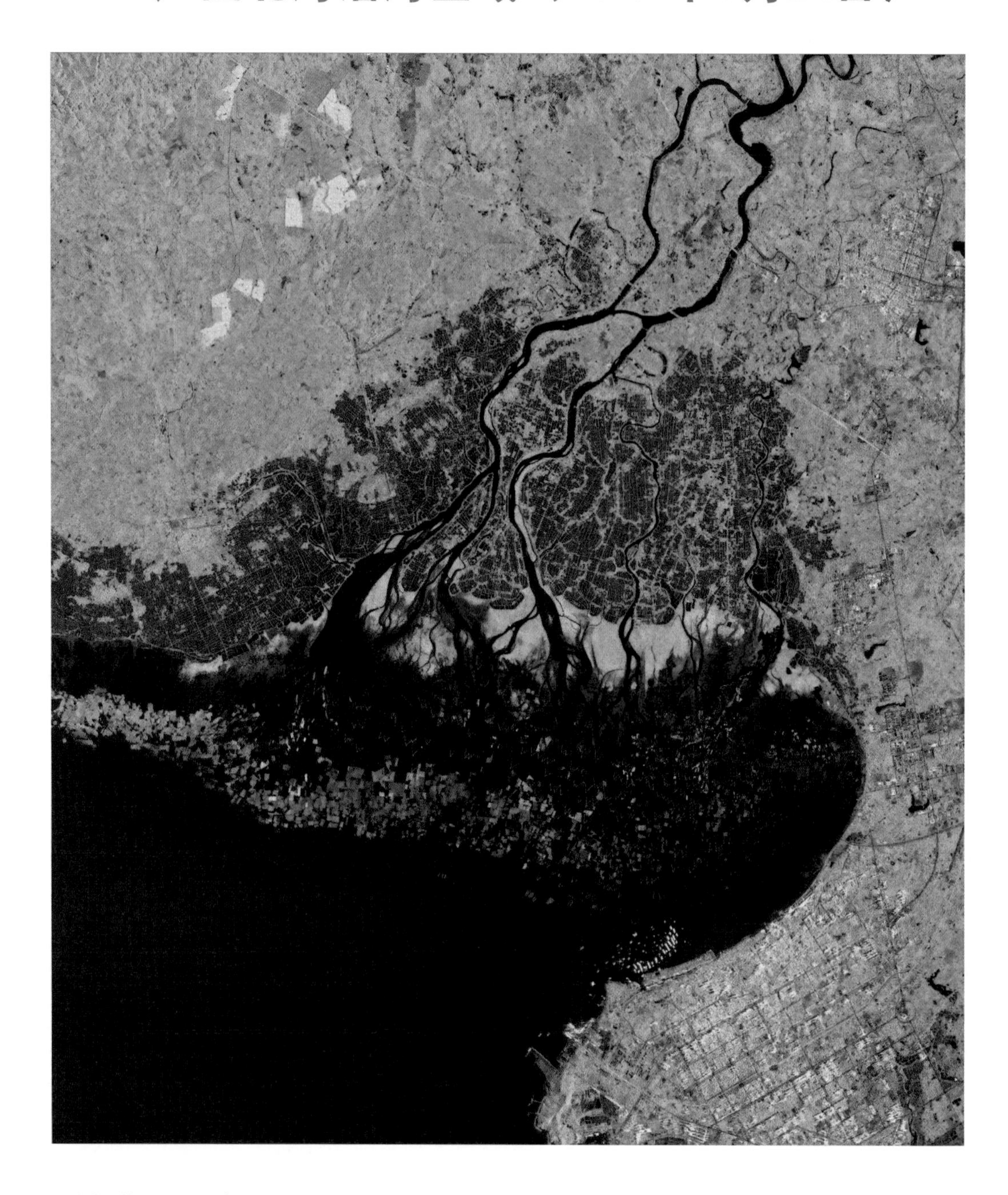

观测日期：2019 年 5 月 24 日。

中心点经纬度：21.6° N，109.1° E。

覆盖范围：宽（东西向）约 30.6 km，高（南北向）约 34.4 km。

数据源信息：高分三号卫星，全极化条带 1 成像模式数据；中心点入射角：36.4°。

图像处理过程：空间多视，非邻域极化滤波，反射对称分解，伪彩色合成（幅度）。

图像说明：图右下角城镇区域即为广西北海市的城区，其西北方向港口外海面上存在密集的船舶目标；右上角粉色区域为合浦县；右上侧河流为南流江，其入海口南侧海域上，存在大量海上养殖的图像特征。

6. 山东省荣成市东部沿海（2019年9月11日）

观测日期：2019 年 9 月 11 日。

中心点经纬度：37.3° N，122.6° E。

覆盖范围：宽（东西向）约 25.6 km，高（南北向）约 28.5 km。

数据源信息：高分三号卫星，全极化条带 1 成像模式数据；中心点入射角：48.8°。

图像处理过程：空间多视，去定向 Freeman 分解，伪彩色合成（幅度）。

图像说明：山东荣成市东部沿海区域图像。右上角深入海中的半岛最东部为成山头，其北面和南面的海域中均存在大面积海上养殖区域。

7. 山东海阳东北部乳山东南部沿海区（2019 年 11 月 27 日）

观测日期：2019 年 11 月 27 日。

中心点经纬度：36.7° N，121.4° E。

覆盖范围：宽（东西向）约 23.6 km，高（南北向）约 26.5 km（幅度）。

数据源信息：高分三号卫星，全极化条带 1 成像模式数据；中心点入射角：38.4°。

图像处理过程：空间多视，去定向 Freeman 分解，伪彩色合成。

图像说明：山东海阳东北部乳山东南部沿海区域图像。属于黄海海域，海面上存在大面积海上养殖区域地物特征。

8. 泰国春武里（万佛岁）（2019 年 12月5日）

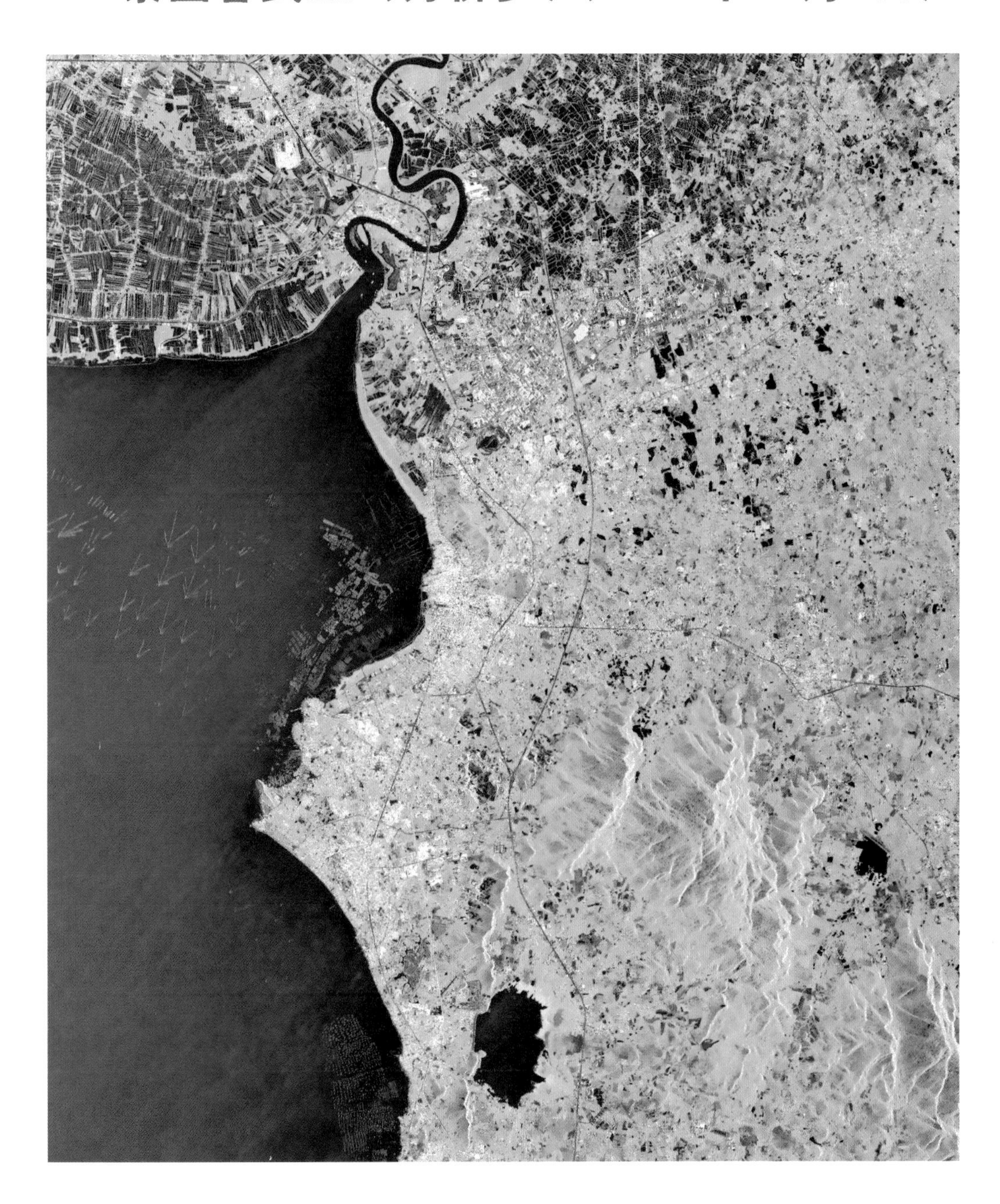

观测日期： 2019 年 12 月 5 日。

中心点经纬度： 13.4° N，101.0° E。

覆盖范围： 宽（东西向）约 37.7 km，高（南北向）约 42.9 km。

数据源信息： 高分三号卫星，全极化条带 1 成像模式数据；中心点入射角：26.8°。

图像处理过程： 空间多视，非邻域极化滤波（ENL5），反射对称分解，伪彩色合成（幅度）。

图像说明： 泰国湾北部沿海区域图像。图左侧海面区域存在较明显的海上养殖地物特征。图中部与海上养殖区接近的粉色建筑区域即为泰国的春武里（万佛岁）。

9. 福建南日岛附近海域（2019 年 12月19日）

观测日期： 2019 年 12 月 19 日。

中心点经纬度： 25.3° N，119.4° E。

覆盖范围： 宽（东西向）约 25.6 km，高（南北向）约 28.6 km。

数据源信息： 高分三号卫星，全极化条带 1 成像模式数据；中心点入射角：48.9°。

图像处理过程： 空间多视，去定向 Freeman 分解，伪彩色合成（幅度）。

图像说明： 图中右下角岛屿即为福建南日岛，其上可见亮粉色建筑区域，其周边存在大范围海上养殖区特征；图右上角是一个半岛，其周边也存在明显的海上养殖特征；海面上存在较多排列整齐的亮点目标以及随机分布的船舶目标。

矿山开采

1. 内蒙古霍林郭勒市（2019 年 1 月 14 日）

观测日期： 2019 年 1 月 14 日。

中心点经纬度： 45.5° N，119.6° E。

覆盖范围： 宽（东西向）约 30.7 km，高（南北向）约 34.3 km。

数据源信息： 高分三号卫星，全极化条带 1 成像模式数据；中心点入射角：36.2°。

图像处理过程： 空间多视，去定向 Freeman 分解，伪彩色合成。

图像说明： 图上部中间红黄色建筑区域即为内蒙古自治区霍林郭勒市城区，图下部中间红色建筑区域为沙尔呼热镇。这两个建筑区西侧存在人工开采矿物的地物特征，结合霍林郭勒市煤炭产业的发展情况推测为煤矿。

2. 哈萨克斯坦东北部区域（2019年2月21日）

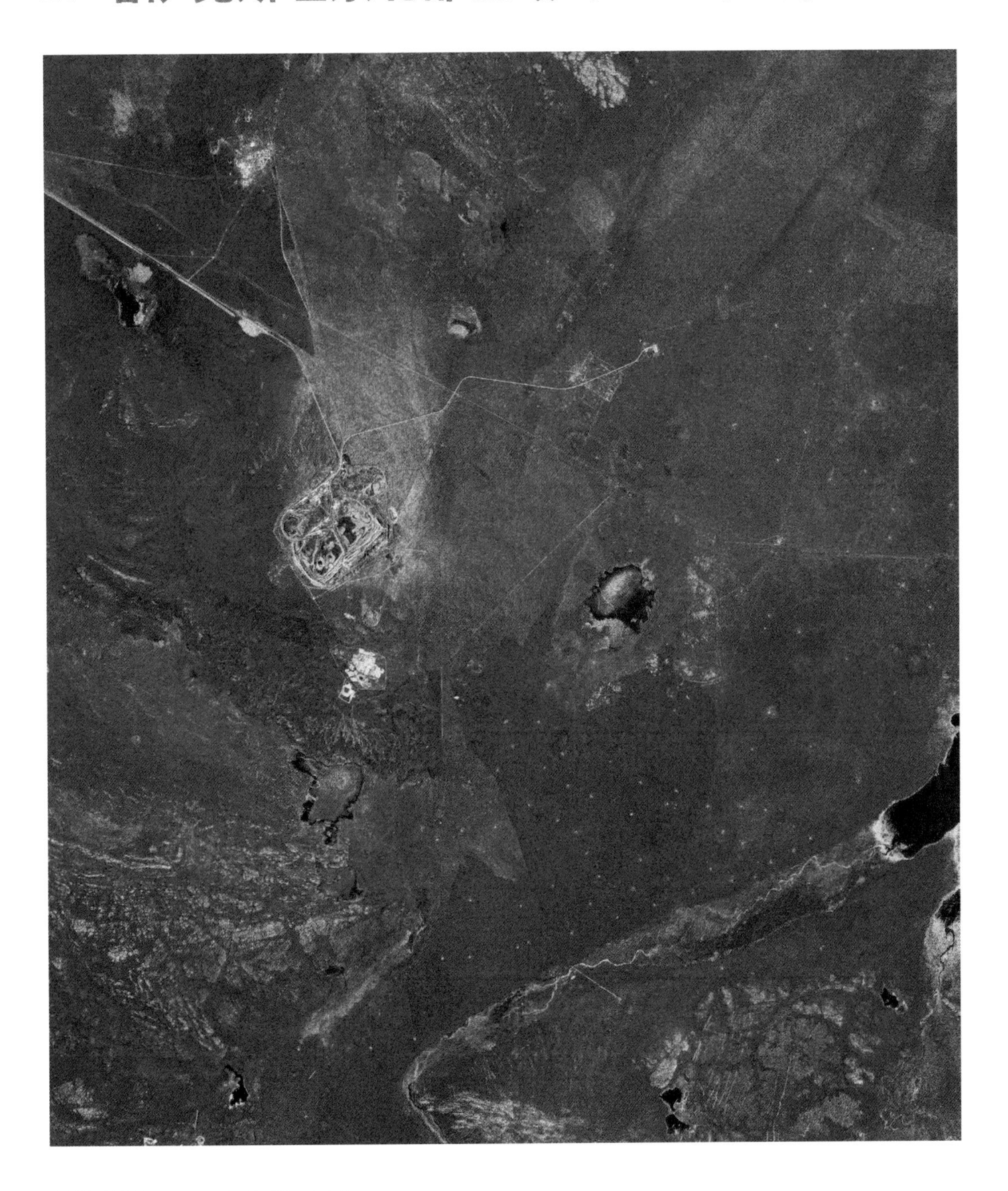

观测日期： 2019 年 2 月 21 日。

中心点经纬度： 50.0° N，78.8° E。

覆盖范围： 宽（东西向）约 31.3 km，高（南北向）约 34.3 km。

数据源信息： 高分三号卫星，全极化条带 1 成像模式数据；中心点入射角：35.4°。

图像处理过程： 空间多视，去定向 Freeman 分解，伪彩色合成。

图像说明： 哈萨克斯坦东北部、东哈萨克斯坦州西北部区域。图中部偏左位置存在开采场类地物特征，图像以面散射的蓝色为主。

3. 越南广宁省东部沿海（2019年2月21日）

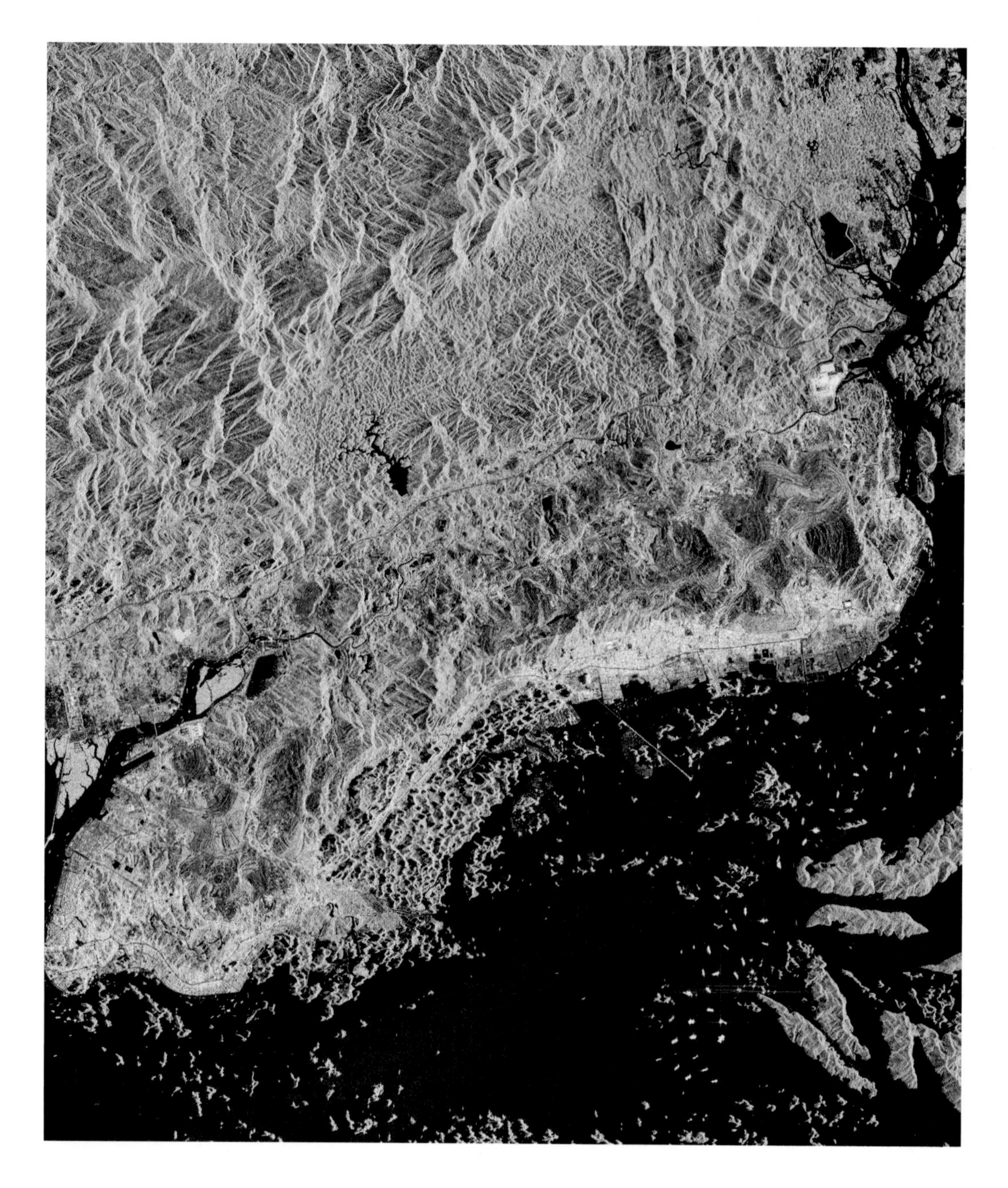

观测日期：2019 年 2 月 21 日。

中心点经纬度：21.0° N，107.2° E。

覆盖范围：宽（东西向）约 30.7 km，高（南北向）约 34.4 km。

数据源信息：高分三号卫星，全极化条带 1 成像模式数据；中心点入射角：36.2°。

图像处理过程：空间多视，去定向 Freeman 分解，伪彩色合成。

图像说明：越南广宁省东部沿海区域。其中左下角红绿色建筑区域为下龙，图右侧中部红绿色建筑区域为锦普，这两个区域上方存在大面积山体开采痕迹；图右下角海面上存在大量岛礁和船舶目标 。

4. 蒙古国中南部区域一（2019年3月2日）

观测日期： 2019 年 3 月 2 日。

中心点经纬度： 43.6° N，105.4° E。

覆盖范围： 宽（东西向）约 30.9 km，高（南北向）约 34.3 km。

数据源信息： 高分三号卫星，全极化条带 1 成像模式数据；中心点入射角：35.9°。

图像处理过程： 空间多视，去定向 Freeman 分解，伪彩色合成。

图像处理过程： 蒙古国中南部区域。图右上角存在人工建筑区和采矿区地物特征，图左下部对应山地，图右下侧存在水流冲刷痕迹。

5. 蒙古国中南部区域二（2019年3月7日）

观测日期： 2019 年 3 月 7 日。
中心点经纬度： 43.0° N，107.0° E。
覆盖范围： 宽（东西向）约 30.9 km，高（南北向）约 32.8 km。
数据源信息： 高分三号卫星，全极化条带 1 成像模式数据；中心点入射角：35.9°。
图像处理过程： 空间多视，去定向 Freeman 分解，伪彩色合成。
图像处理过程： 蒙古国中南部、靠近我国边界区域图像。图左侧中部存在人工建筑区和采矿区地物特征，图右侧对应山地，图左侧上部存在一机场跑道地物特征。

如下图书第59页的“哈萨克斯坦德鲁内（2017年12月9日）”一节也是一幅开采矿区遥感图像。

安文韬，林明森，谢春华，袁新哲，崔利民．高分三号卫星极化数据处理——产品与技术．北京：海洋出版社，2018.

其　他

1. 江西吉安（2017年4月30日）

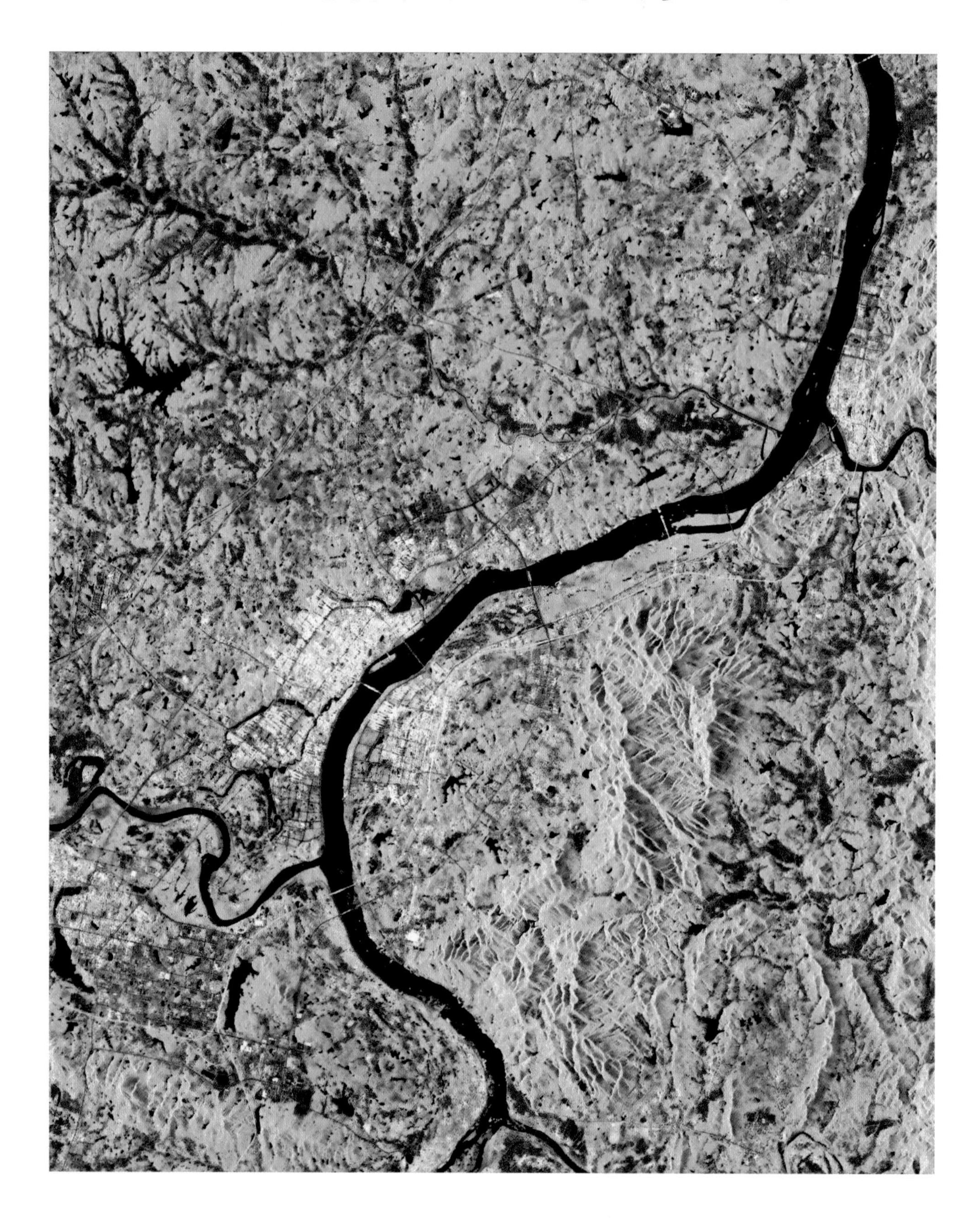

观测日期： 2017 年 4 月 30 日。

中心点经纬度： 27.1° N，115.0° E。

覆盖范围： 宽（东西向）约 29.3 km，高（南北向）约 34.4 km。

数据源信息： 高分三号卫星，全极化条带 1 成像模式数据；中心点入射角：36.2°。

图像处理过程： 空间多视，非邻域极化滤波，反射对称分解，伪彩色合成。

图像说明： 图中部偏左的红黄色建筑区即为江西吉安市，图右下角红色建筑区是吉安县，图右上角红色建筑区为吉水县，图中河流为赣江。

2. 江西永新北部（2017年7月31日）

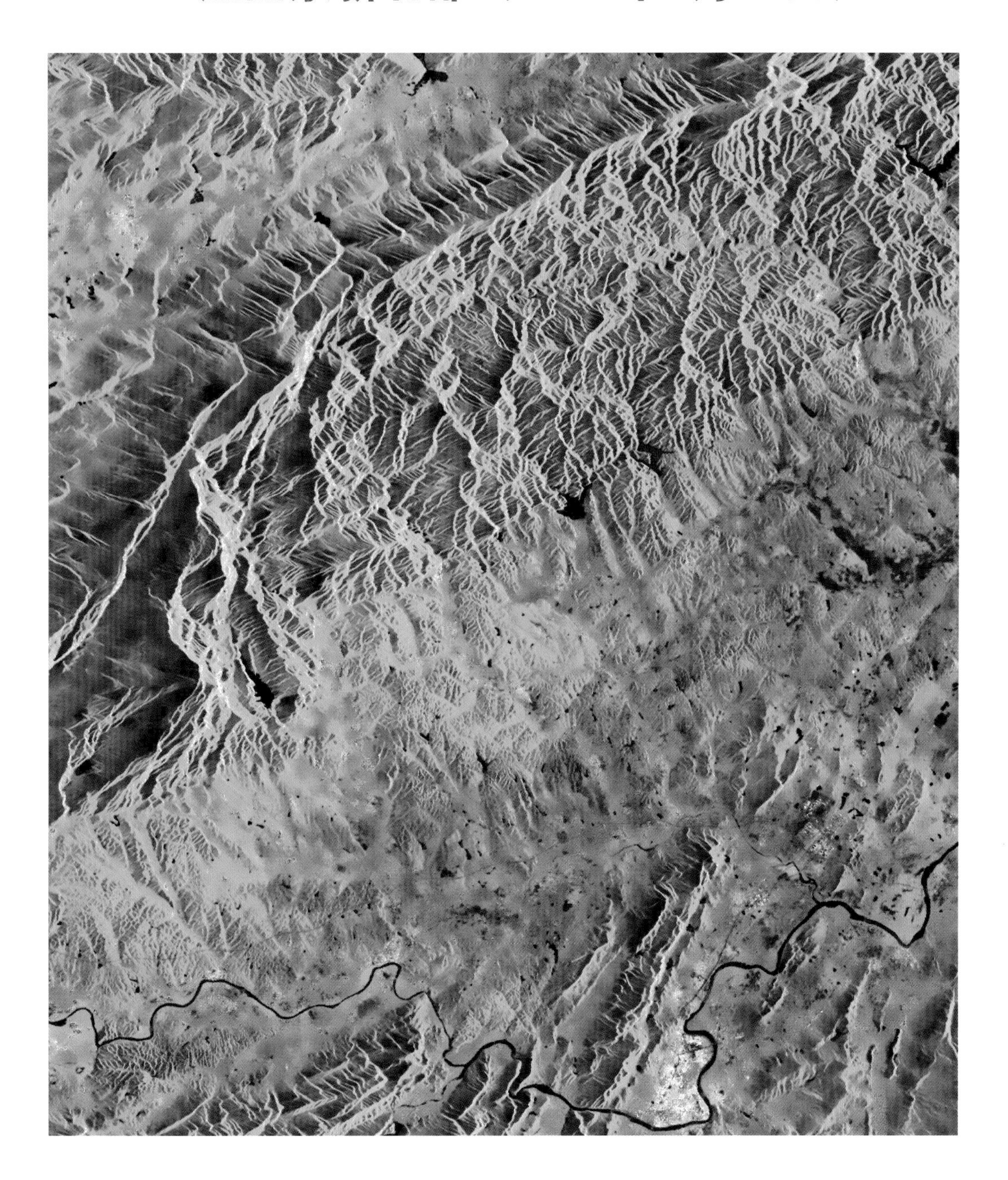

观测日期：2017 年 7 月 31 日。

中心点经纬度：27.1° N，114.2° E。

覆盖范围：宽（东西向）约 41.3 km，高（南北向）约 34.4 km。

数据源信息：高分三号卫星，全极化条带 1 成像模式数据；中心点入射角：21.3°。

图像处理过程：空间多视，非邻域极化滤波，反射对称分解，伪彩色合成。

图像说明：图下部红色建筑区域为江西永新县县城，其南部的河流为禾水。

3. 河北玉田（2017 年 8 月 5 日）

观测日期： 2017 年 8 月 5 日。

中心点经纬度： 40.0° N，117.8° E。

覆盖范围： 宽（东西向）约 36.3 km，高（南北向）约 44.3 km。

数据源信息： 高分三号卫星，全极化条带 1 成像模式数据；中心点入射角：29.6°。

图像处理过程： 空间多视，非邻域极化滤波，反射对称分解，伪彩色合成。

图像说明： 图下部中间红色建筑区域为河北省玉田县，图左侧中部水域为于桥水库，图右上角红黄色建筑区为遵化市南部建筑区域。

4. 北京（2017年12月9日）

观测日期：2017 年 12 月 9 日。

中心点经纬度：39.9° N，116.4° E。

覆盖范围：宽（东西向）约 34.3 km，高（南北向）约 41.2 km。

数据源信息：高分三号卫星，全极化条带 1 成像模式数据；中心点入射角：21.2°。

图像处理过程：空间多视，非邻域极化滤波，反射对称分解，伪彩色合成。

图像说明：北京建筑区域大面积呈现为品红色，表明除二次散射外还存在很强的面散射。望京区域由于建筑的朝向接近 45°，因此显示为亮绿色。本图像比本书“城镇”一章给出的“北京（2018 年 12 月 21 日）”图像整体南移，亦庄区域由于建筑的朝向和自身特征，表现出了与其他城区稍有不同的极化特征。

5. 新疆山地区域（2018 年 2月19日）

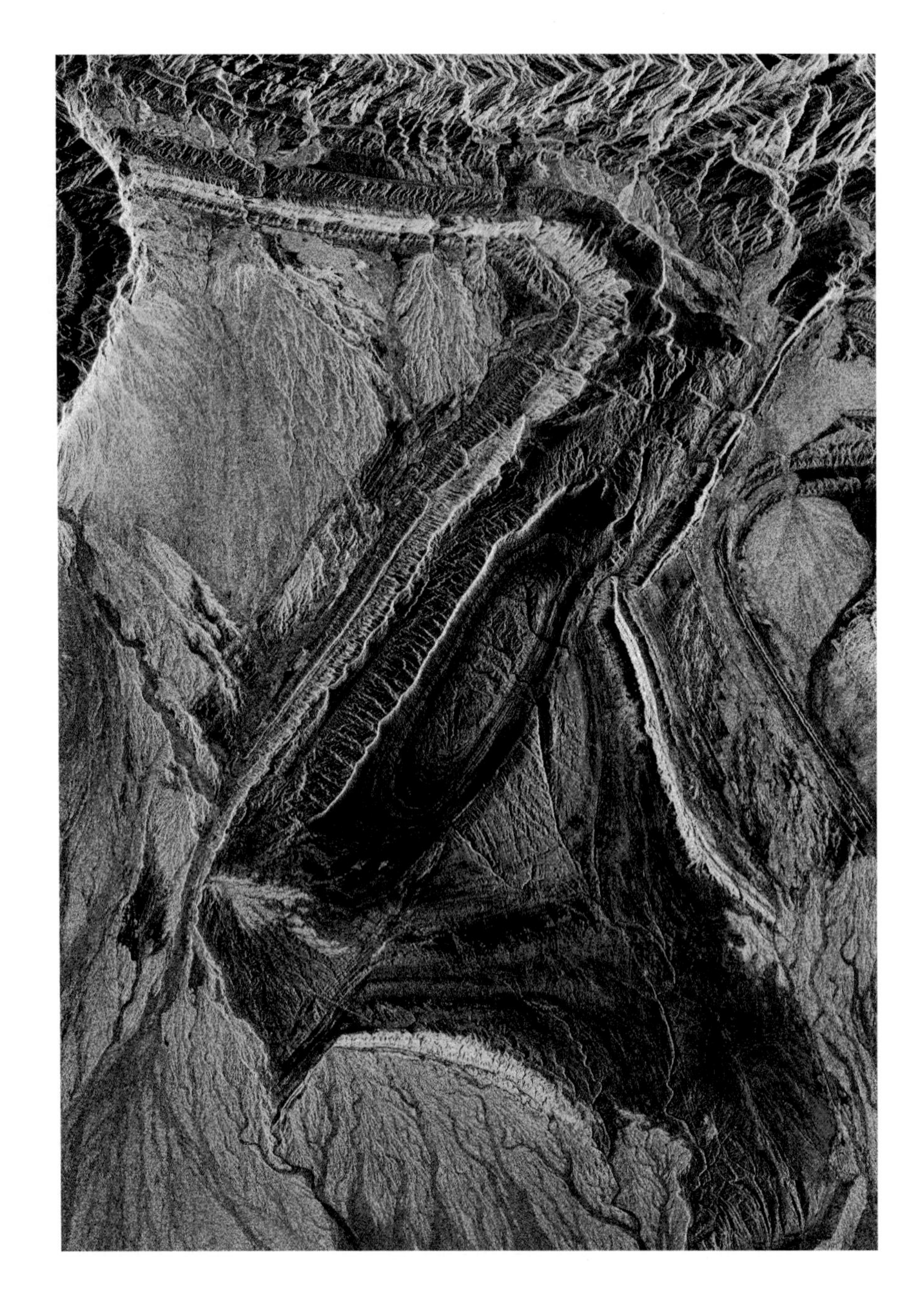

观测日期： 2018 年 2 月 19 日。
中心点经纬度： 40.7° N，79.2° E。
覆盖范围： 宽（东西向）约 32.4 km，高（南北向）约 35.4 km。
数据源信息： 高分三号卫星，全极化条带 1 成像模式数据；中心点入射角：34.0°。
图像处理过程： 空间多视，去定向 Freeman 分解，伪彩色合成。
图像说明： 新疆阿恰勒镇西北部山地区域，形似字母“Z”。

6. 甘肃敦煌南部区域（2019年1月2日）

观测日期：2019 年 1 月 2 日。

中心点经纬度：40.0° N，94.5° E。

覆盖范围：宽（东西向）约 32.0 km，高（南北向）约 35.4 km。

数据源信息：高分三号卫星，全极化条带 1 成像模式数据；中心点入射角：34.6°。

图像处理过程：空间多视，去定向 Freeman 分解，伪彩色合成。

图像说明：图左上角红黄色建筑区域即为甘肃敦煌市，其西南方向圆形地物为塔式光热发电设施，图下部是大面积以面散射为主的蓝色沙漠地区。

7. 中国台湾西部沿海区域（2019 年 1月17日）

观测日期：2019 年 1 月 17 日。

中心点经纬度：23.7° N，120.2° E。

覆盖范围：宽（东西向）约 21.3 km，高（南北向）约 24.2 km。

数据源信息：高分三号卫星，全极化条带 1 成像模式数据；中心点入射角：39.4°。

图像处理过程：空间多视，非邻域极化滤波，反射对称分解，伪彩色合成。

图像说明：图上部中间红黄亮色区域为工业建筑区，图右侧陆地存在红色的建筑区域和大量蓝绿农田区域，海面上的船舶目标清晰可见。

8. 新疆新源（2019年1月26日）

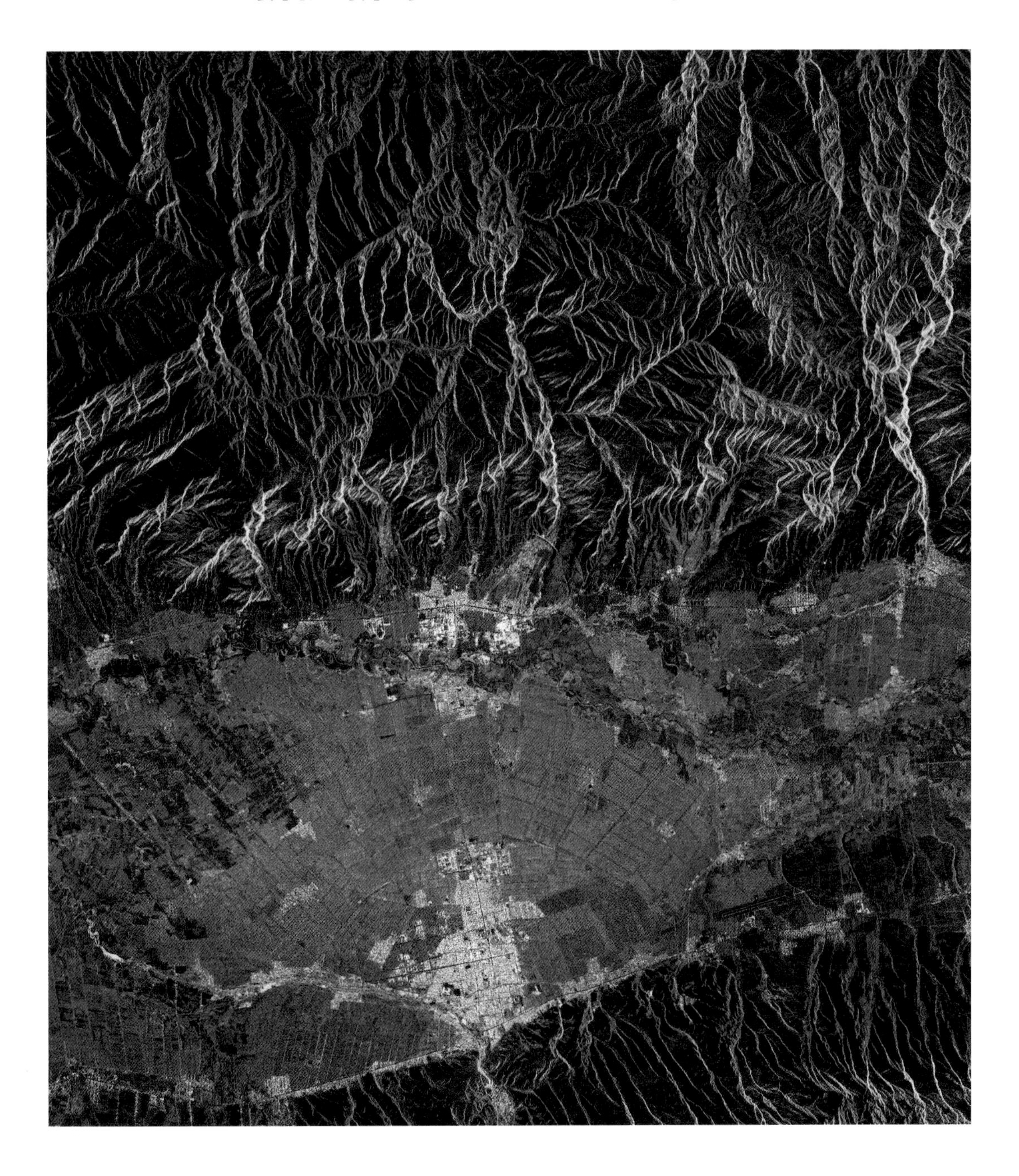

观测日期：2019 年 1 月 26 日。

中心点经纬度：43.5° N，83.3° E。

覆盖范围：宽（东西向）约 32.0 km，高（南北向）约 35.3 km。

数据源信息：高分三号卫星，全极化条带 1 成像模式数据；中心点入射角：34.5°。

图像处理过程：空间多视，去定向 Freeman 分解，伪彩色合成。

图像说明：图像下侧中部黄绿色建筑区域即为新疆新源县，图中农田呈扇形分布，推测是根据图下部河流融水冲刷区域进行规划建设的。

9. 甘肃敦煌（2019 年 1月31日）

观测日期： 2019 年 1 月 31 日。

中心点经纬度： 40.2° N，94.6° E。

覆盖范围： 宽（东西向）约 32.4 km，高（南北向）约 35.4 km。

数据源信息： 高分三号卫星，全极化条带 1 成像模式数据；中心点入射角：34.0°。

图像处理过程： 空间多视，非邻域极化滤波，反射对称分解，伪彩色合成。

图像说明： 图中部偏右的红色区域为甘肃敦煌市区，右下角蓝黑色区域推测为沙漠，左下角圆形区域为敦煌塔式光热发电设施。

10. 青海局部区域（2019 年 2月5日）

观测日期：2019 年 2 月 5 日。

中心点经纬度：36.8° N，95.2° E。

覆盖范围：宽（东西向）约 30.9 km，高（南北向）约 34.4 km。

数据源信息：高分三号卫星，全极化条带 1 成像模式数据；中心点入射角：35.9°。

图像处理过程：空间多视，去定向 Freeman 分解，伪彩色合成。

图像说明：青海中部海西蒙古族藏族自治州局部区域图像。图右下角存在红黄色人工建筑区域。

11. 青海西北部（2019 年 2月 12日）

观测日期： 2019 年 2 月 12 日。
中心点经纬度： 38.4° N，93.0° E。
覆盖范围： 宽（东西向）约 31.0 km，高（南北向）约 34.4 km。
数据源信息： 高分三号卫星，全极化条带 1 成像模式数据；中心点入射角：35.8°。
图像处理过程： 空间多视，去定向 Freeman 分解，伪彩色合成。
图像说明： 青海西北部独特的地貌特征。

12. 韩国西部沿海区域（2019年2月25日）

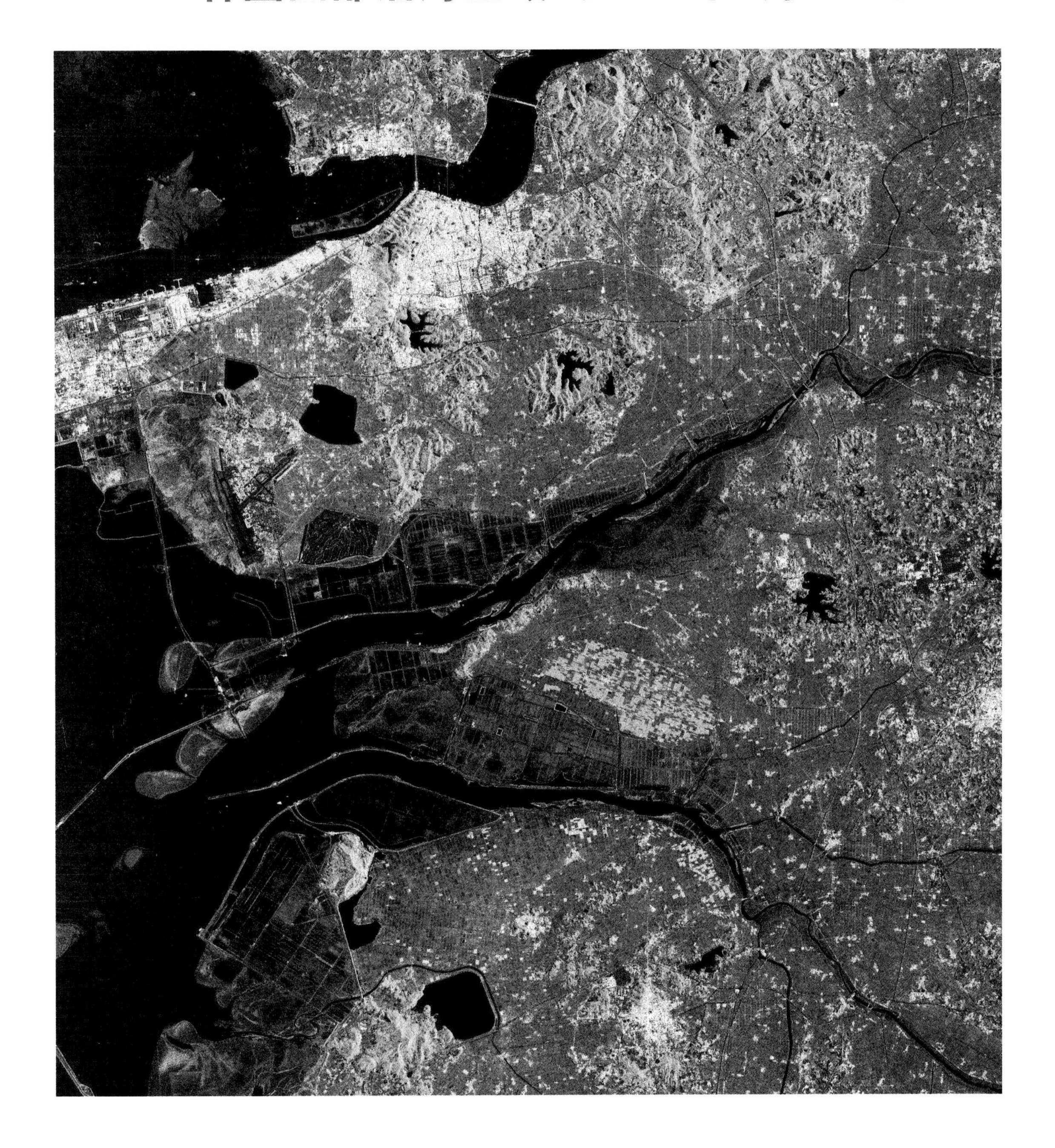

观测日期： 2019 年 2 月 25 日。
中心点经纬度： 35.9° N，126.7° E。
覆盖范围： 宽（东西向）约 32.4 km，高（南北向）约 36.5 km。
数据源信息： 高分三号卫星，全极化条带 1 成像模式数据；中心点入射角：36.5°。
图像处理过程： 空间多视，去定向 Freeman 分解，伪彩色合成。
图像说明： 韩国西部沿海区域。图左上角红绿色建筑区域为群山市，图中农田区域以蓝色面散射为主。

13. 广西中部区域（2019年2月26日）

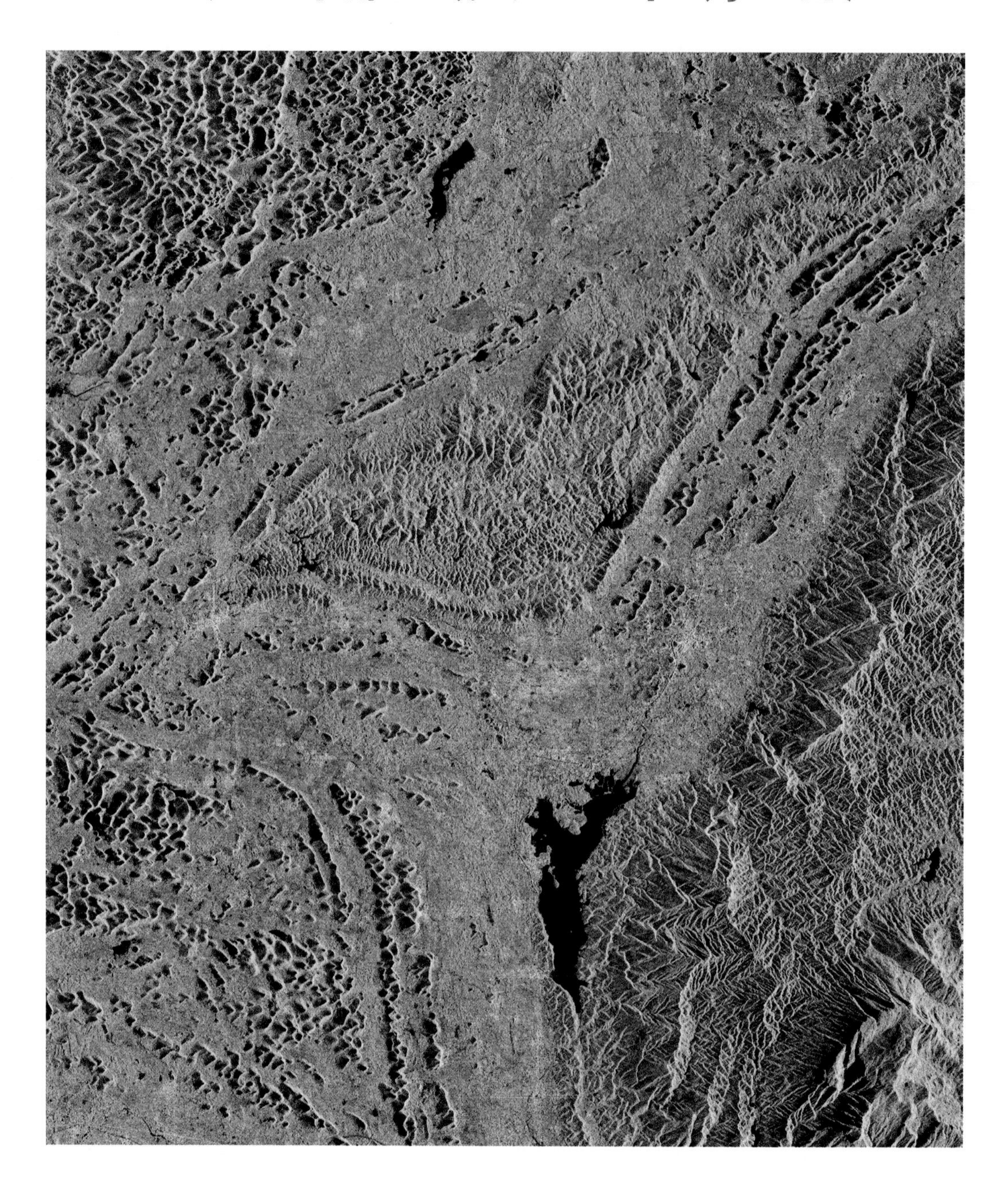

观测日期： 2019 年 2 月 26 日。

中心点经纬度： 23.3° N，109.4° E。

覆盖范围： 宽（东西向）约 30.6 km，高（南北向）约 34.4 km。

数据源信息： 高分三号卫星，全极化条带 1 成像模式数据；中心点入射角：36.3°。

图像处理过程： 空间多视，去定向 Freeman 分解，伪彩色合成。

图像说明： 广西中部区域。图中部左侧十字形红黄色建筑区为樟木乡，图中部右侧红黄色建筑区为山北乡。

14. 青海格尔木东北部（2019 年 2月27日）

观测日期： 2019 年 2 月 27 日。
中心点经纬度： 36.4° N，95.1° E。
覆盖范围： 宽（东西向）约 26.0 km，高（南北向）约 28.8 km。
数据源信息： 高分三号卫星，全极化条带 1 成像模式数据；中心点入射角：47.9°。
图像处理过程： 空间多视，去定向 Freeman 分解，伪彩色合成。
图像说明： 图左下角红黄色区域即为青海格尔木市的东部城区，图右下部圆形地物推测为塔式光热发电设施，图上部推测为水流冲刷后的痕迹。

15. 印度尼西亚马宁焦湖（2019 年 2 月 28 日）

观测日期： 2019 年 2 月 28 日。

中心点经纬度： 0.3° S，100.2° E。

覆盖范围： 宽（东西向）约 30.7 km，高（南北向）约 34.5 km。

数据源信息： 高分三号卫星，全极化条带 1 成像模式数据；中心点入射角：36.2°。

图像处理过程： 空间多视，去定向 Freeman 分解，伪彩色合成。

图像说明： 马宁焦湖位于印度尼西亚西苏门答腊省，靠近印度洋东海岸，在武吉丁宜市西侧 36 km，为火山爆发形成的湖泊。卫星观测为降轨右视，图中迎坡缩短、背坡拉长效应非常明显。

16. 安徽芜湖（2019年3月6日）

观测日期：2019 年 3 月 6 日。

中心点经纬度：31.4° N，118.5° E。

覆盖范围：宽（东西向）约 23.6 km，高（南北向）约 26.5 km。

数据源信息：高分三号卫星，全极化条带 1 成像模式数据；中心点入射角：38.5°。

图像处理过程：空间多视，去定向 Freeman 分解，伪彩色合成。

图像说明：图左侧大面积红黄色建筑区域为安徽芜湖市，图右上部圆形特征对应的为姑山露天开采场，图左侧河流为长江。

17. 西藏阿里地区日土县（2019 年 3 月 8 日）

观测日期：2019 年 3 月 8 日。

中心点经纬度：33.5° N，79.7° E。

覆盖范围：宽（东西向）约 30.4 km，高（南北向）约 34.4 km。

数据源信息：高分三号卫星，全极化条带 1 成像模式数据；中心点入射角：36.6°。

图像处理过程：空间多视，非邻域极化滤波，反射对称分解，伪彩色合成。

图像说明：图下部山地中央存在面散射占主导地位的蓝色盆地区域，盆地中有河流特征，盆地东南角的黄色半圆形区域即为西藏阿里地区日土县的县城，图右上部大面积平坦区域推测为湖泊干涸后的地物特征。

18. 印度尼西亚北部（2019 年 3月 12日）

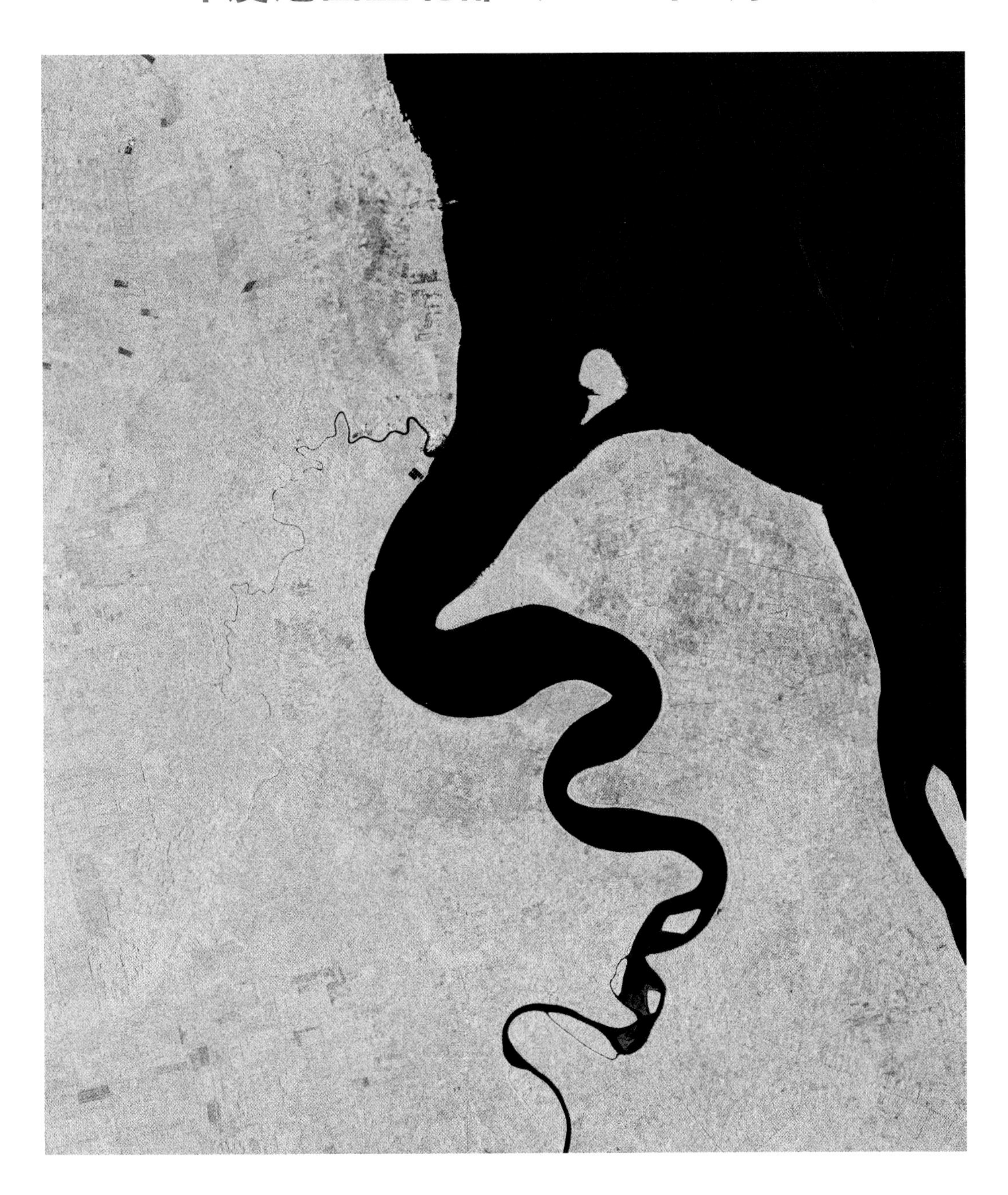

观测日期： 2019 年 3 月 12 日。

中心点经纬度： 2.7° N，100° E。

覆盖范围： 宽（东西向）约 30.8 km，高（南北向）约 34.5 km。

数据源信息： 高分三号卫星，全极化条带 1 成像模式数据；中心点入射角：36.1°。

图像处理过程： 空间多视，去定向 Freeman 分解，伪彩色合成。

图像说明： 印度尼西亚北部。图右上部海域为马六甲海峡沿岸海域。

19. 山东黄河三角洲一（2019 年 3 月 13 日）

观测日期： 2019 年 3 月 13 日。

中心点经纬度： 37.7° N，119.2° E。

覆盖范围： 宽（东西向）约 38.4 km，高（南北向）约 43.5 km。

数据源信息： 高分三号卫星，全极化条带 1 成像模式数据；中心点入射角：28.2°。

图像处理过程： 空间多视，非邻域极化滤波，反射对称分解，伪彩色合成（幅度）。

图像说明： 图左上部为山东黄河三角洲区域，其南侧海面上的小块红黄色区域推测为互花米草生长区域，海面上可见船舶目标。

20. 美国圣弗朗西斯科西海岸（2019年3月27日）

观测日期： 2019 年 3 月 27 日。

中心点经纬度： 37.7° N，122.6° W。

覆盖范围： 宽（东西向）约 30.7 km，高（南北向）约 34.3 km。

数据源信息： 高分三号卫星，全极化条带 1 成像模式数据；中心点入射角：36.2°。

图像处理过程： 空间多视，去定向 Freeman 分解，伪彩色合成。

图像说明： 图右上部红绿色建筑区域为美国圣弗朗西斯科市区，图左侧为太平洋的东部沿岸海域，海面上朝向陆地的波浪条纹清晰可见。

21. 辽宁谢屯（2019 年 3月28日）

观测日期： 2019 年 3 月 28 日。

中心点经纬度： 40.0° N，118.6° E。

覆盖范围： 宽（东西向）约 23.7 km，高（南北向）约 25.3 km。

数据源信息： 高分三号卫星，全极化条带 1 成像模式数据；中心点入射角：38.3°。

图像处理过程： 空间多视，非邻域极化滤波，反射对称分解，伪彩色合成。

图像说明： 谢屯镇位于大连瓦房店市西南部，南距大连 92 km。图右上角红黄色建筑区域即为谢屯镇。图中存在大量围填海区域。

22. 甘肃酒泉（2019年3月28日）

观测日期：2019 年 3 月 28 日。

中心点经纬度：39.7° N，98.5° E。

覆盖范围：宽（东西向）约 31.1 km，高（南北向）约 34.4 km。

数据源信息：高分三号卫星，全极化条带 1 成像模式数据；中心点入射角：35.6°。

图像处理过程：空间多视，去定向 Freeman 分解，伪彩色合成。

图像说明：图中部红黄色建筑区域即为甘肃酒泉市，图下部有水流冲刷痕迹。

23. 辽宁盘锦西部区域（2019年3月28日）

观测日期： 2019 年 3 月 28 日。

中心点经纬度： 41.2° N，121.8° E。

覆盖范围： 宽（东西向）约 25.8 km，高（南北向）约 29.6 km。

数据源信息： 高分三号卫星，全极化条带 1 成像模式数据；中心点入射角：44.6°。

图像处理过程： 空间多视，非邻域极化滤波，反射对称分解，伪彩色合成。

图像说明： 辽宁盘锦市西部区域。图右下部的河流为双台子河，其西北方向的支流为绕阳河。

24. 朝鲜西北部沿海区域（2019年4月2日）

观测日期： 2019 年 4 月 2 日。

中心点经纬度： 39.5° N，125.0° E。

覆盖范围： 宽（东西向）约 30.6 km，高（南北向）约 34.3 km。

数据源信息： 高分三号卫星，全极化条带 1 成像模式数据；中心点入射角：36.4°。

图像处理过程： 空间多视，去定向 Freeman 分解，伪彩色合成。

图像说明： 朝鲜西北部、平安北道南部沿海区域图像。

25. 黄海东北角海域（2019 年 4月2日）

观测日期： 2019 年 4 月 2 日。

中心点经纬度： 39.2° N，124.9° E。

覆盖范围： 宽（东西向）约 30.6 km，高（南北向）约 34.3 km。

数据源信息： 高分三号卫星，全极化条带 1 成像模式数据；中心点入射角：36.4°。

图像处理过程： 空间多视，去定向 Freeman 分解，伪彩色合成。

图像说明： 黄海东北角朝鲜附近海域图像。图中黑色区域推测为低风速区，海面上有多个船舶目标。

26. 黄海北部海域（2019年4月2日）

观测日期：2019 年 4 月 2 日。

中心点经纬度：39.0° N，124.9° E。

覆盖范围：宽（东西向）约 30.6 km，高（南北向）约 34.3 km。

数据源信息：高分三号卫星，全极化条带 1 成像模式数据；中心点入射角：36.4°。

图像处理过程：空间多视，去定向 Freeman 分解，伪彩色合成。

图像说明：黄海东北部朝鲜附近海域图像。图中黑色区域推测为低风速区，其两侧有船舶的亮点目标。

27. 长江沿岸区域（2019 年 4月9日）

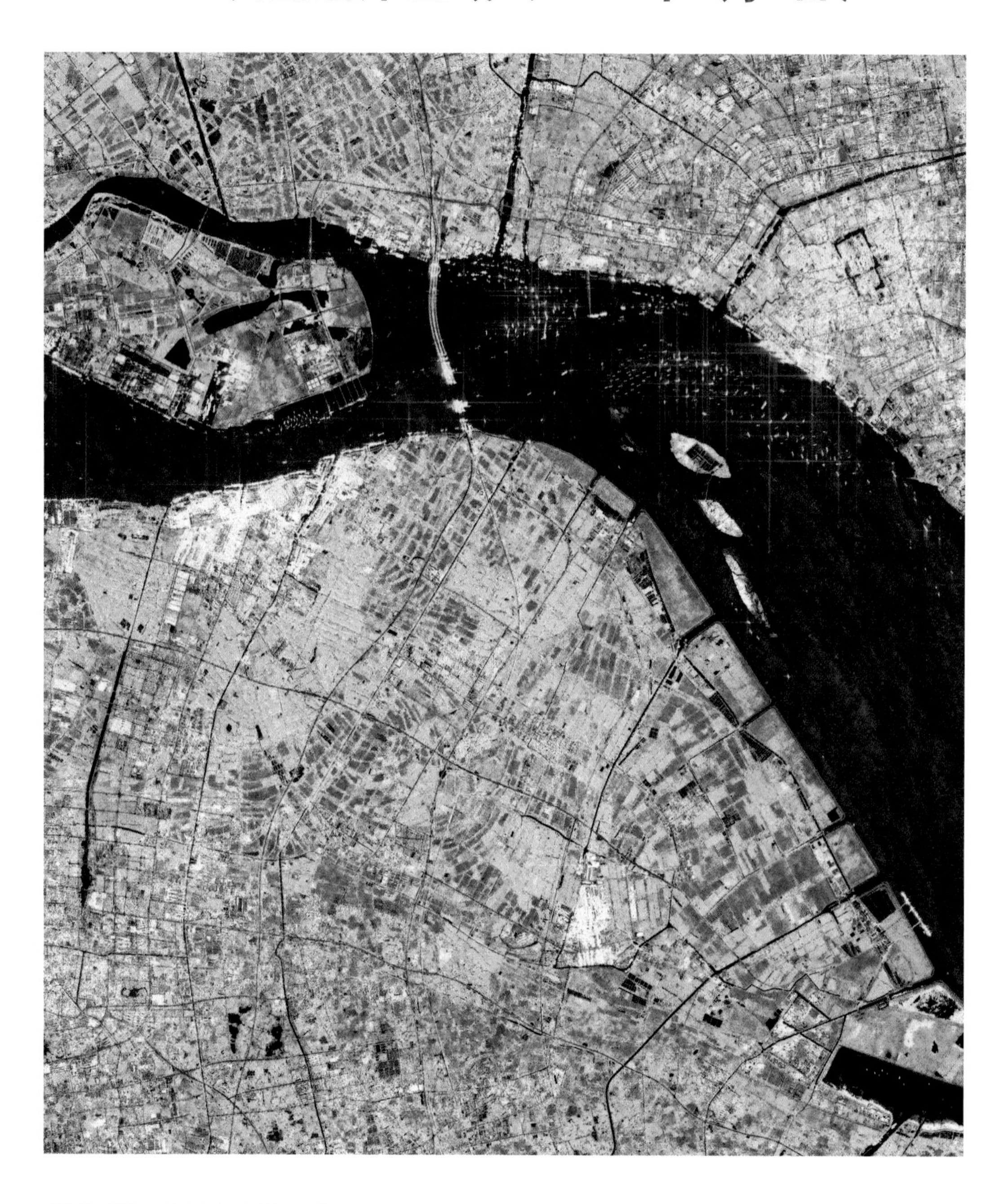

观测日期： 2019 年 4 月 9 日。
中心点经纬度： 31.9° N，120.7° E。
覆盖范围： 宽（东西向）约 30.6 km，高（南北向）约 34.4 km。
数据源信息： 高分三号卫星，全极化条带 1 成像模式数据；中心点入射角：36.4°。
图像处理过程： 空间多视，非邻域极化滤波，反射对称分解，伪彩色合成。
图像说明： 图中右上角红黄色建筑区为南通市西部，图左下角红色建筑区域为张家港市；图中河流为长江，江上跨海大桥存在节断推测正在修建中，江面上存在大量船舶，部分船舶具有强二次散射或强面散射旁瓣。

28. 新疆喀什（2019年4月20日）

观测日期： 2019 年 4 月 20 日。

中心点经纬度： 39.5° N，76.0° E。

覆盖范围： 宽（东西向）约 30.7 km，高（南北向）约 34.3 km。

数据源信息： 高分三号卫星，全极化条带 1 成像模式数据；中心点入射角：36.2°。

图像处理过程： 空间多视，非邻域极化滤波，反射对称分解，伪彩色合成。

图像说明： 图中部黄绿色建筑区域为新疆喀什市的城区，其北部黑色条带状地物为喀什机场跑道，图上部蓝色区域对应裸地。

29. 蒙古国巴彦洪戈尔省西北部区域（2019年4月21日）

观测日期：2019 年 4 月 21 日。

中心点经纬度：46.4° N，98.5° E。

覆盖范围：宽（东西向）约 31.1 km，高（南北向）约 34.3 km。

数据源信息：高分三号卫星，全极化条带 1 成像模式数据；中心点入射角：35.7°。

图像处理过程：空间多视，去定向 Freeman 分解，伪彩色合成。

图像说明：蒙古国巴彦洪戈尔省西北部区域独特地貌。图中可见山地融水冲刷的痕迹。

30. 内蒙古锡林郭勒盟北部区域（2019 年 4 月 25 日）

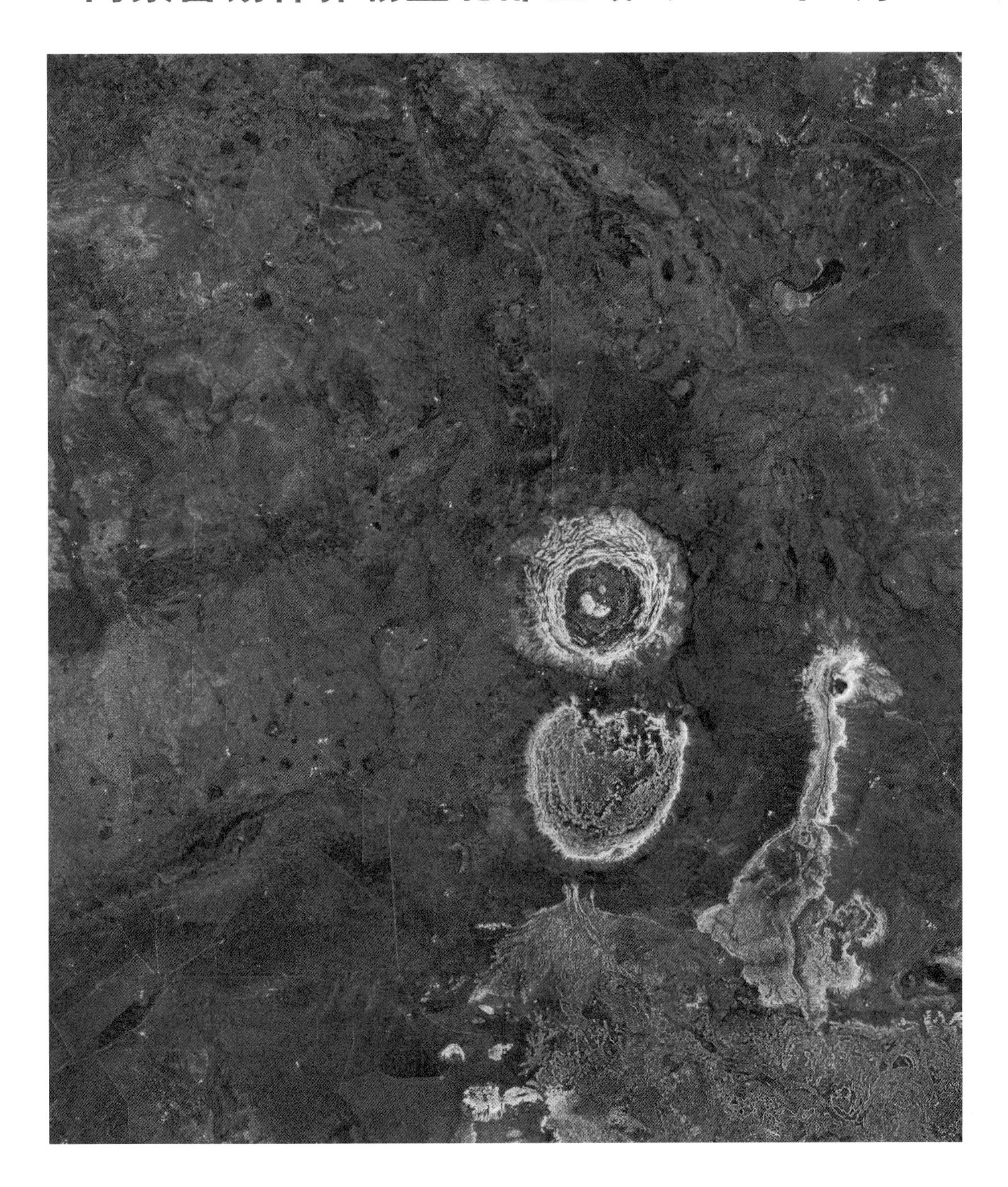

观测日期： 2019 年 4 月 25 日。

中心点经纬度： 44.3° N，114.2° E。

覆盖范围： 宽（东西向）约 30.8 km，高（南北向）约 34.3 km。

数据源信息： 高分三号卫星，全极化条带 1 成像模式数据；中心点入射角：36.0°。

图像处理过程： 空间多视，去定向 Freeman 分解，伪彩色合成。

图像说明： 内蒙古锡林郭勒盟北部区域独特地貌。图像以蓝色为主表明体散射占主导成分。

31. 新疆中西部区域（2019 年 4 月 28 日）

观测日期： 2019 年 4 月 28 日。

中心点经纬度： 39.0° N，83.7° E。

覆盖范围： 宽（东西向）约 31.1 km，高（南北向）约 34.4 km。

数据源信息： 高分三号卫星，全极化条带 1 成像模式数据；中心点入射角：35.6°。

图像处理过程： 空间多视，去定向 Freeman 分解，伪彩色合成。

图像说明： 新疆中西部区域。图下部横向线状地物为 S233 公路。

32. 青海西北部（2019年4月28日）

观测日期： 2019 年 4 月 28 日。

中心点经纬度： 37.2° N，93.6° E。

覆盖范围： 宽（东西向）约 30.9 km，高（南北向）约 34.4 km。

数据源信息： 高分三号卫星，全极化条带 1 成像模式数据；中心点入射角：35.9°。

图像处理过程： 空间多视，去定向 Freeman 分解，伪彩色合成。

图像说明： 青海西北部地貌。图中亮蓝色区域推测为水流冲刷区域，黑蓝色区域推测为裸地。

33. 哈萨克斯坦阿拉湖（2019 年 4 月 30 日）

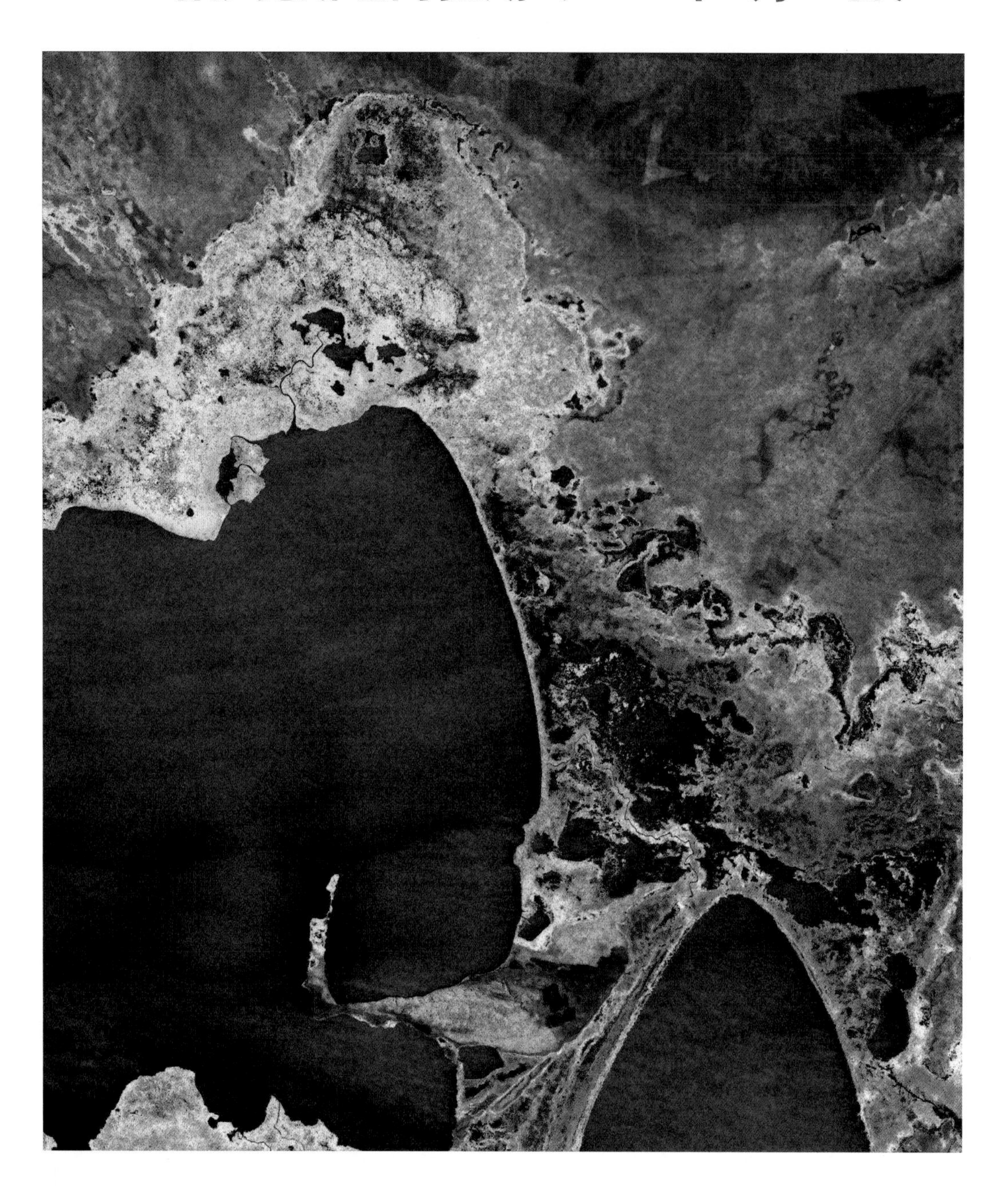

观测日期： 2019 年 4 月 30 日。

中心点经纬度： 46.6° N，81.2° E。

覆盖范围： 宽（东西向）约 30.9 km，高（南北向）约 34.3 km。

数据源信息： 高分三号卫星，全极化条带 1 成像模式数据；中心点入射角：35.9°。

图像处理过程： 空间多视，非邻域极化滤波，反射对称分解，伪彩色合成。

图像说明： 阿拉湖是位于哈萨克斯坦东部的盐湖，靠近中国新疆边境，距离中国的阿拉山口不足 30 km。图中下部蓝色区域为阿拉湖北部区域水面，中上部红黄色区域为靠近湖岸的植被区域。图中红色特征明显，推测其成因是因为植被与水面形成了大量的二次散射。

34. 孟加拉国南部沿海区域（2019年5月15日）

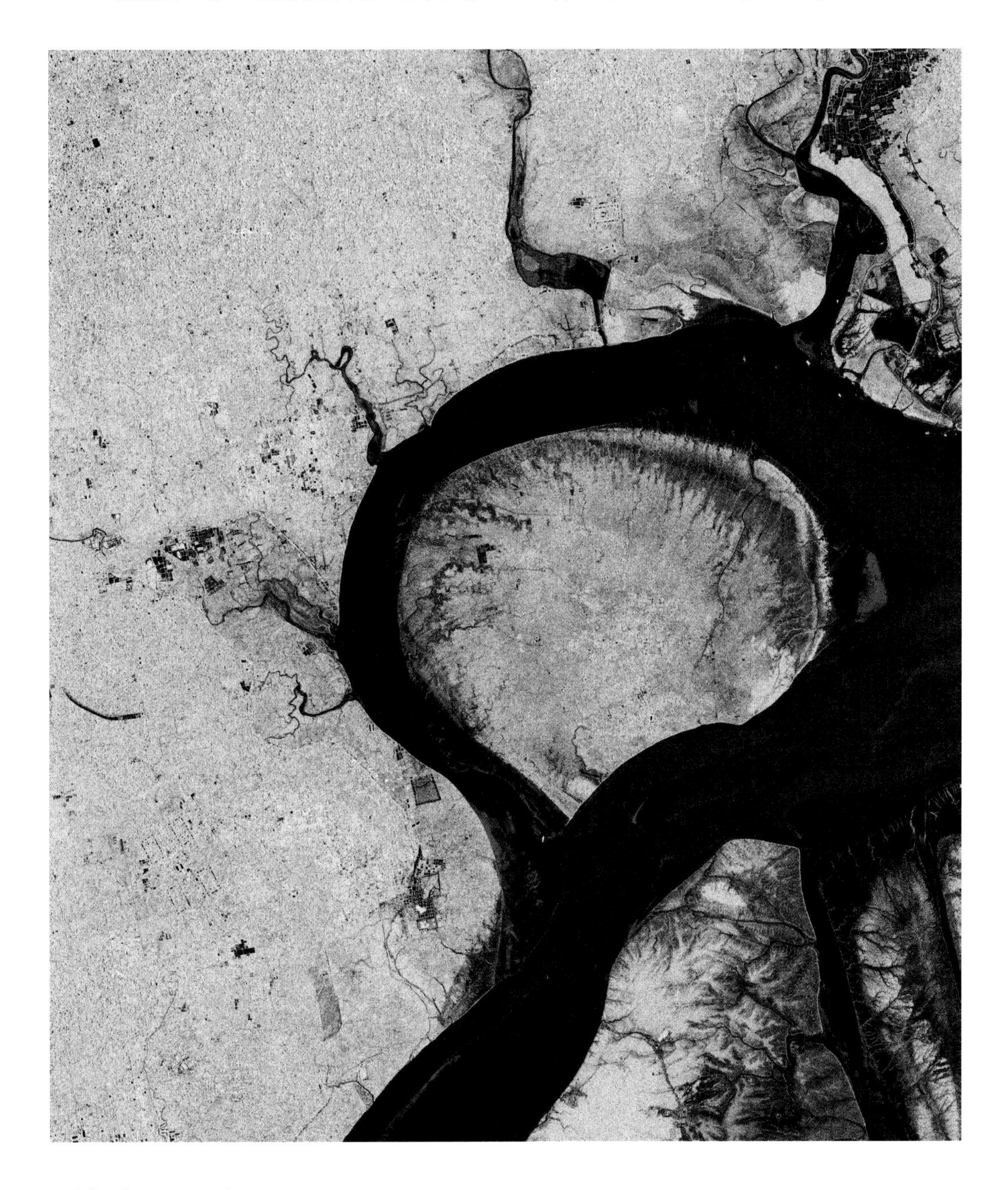

观测日期：2019 年 5 月 15 日。

中心点经纬度：22.7° N，91.3° E。

覆盖范围：宽（东西向）约 31.0 km，高（南北向）约 34.4 km。

数据源信息：高分三号卫星，全极化条带 1 成像模式数据；中心点入射角：35.8°。

图像处理过程：空间多视，去定向 Freeman 分解，伪彩色合成。

图像说明：孟加拉国南部沿海区域独特地貌。

35. 天津与河北交界区域（2019 年 5 月 17 日）

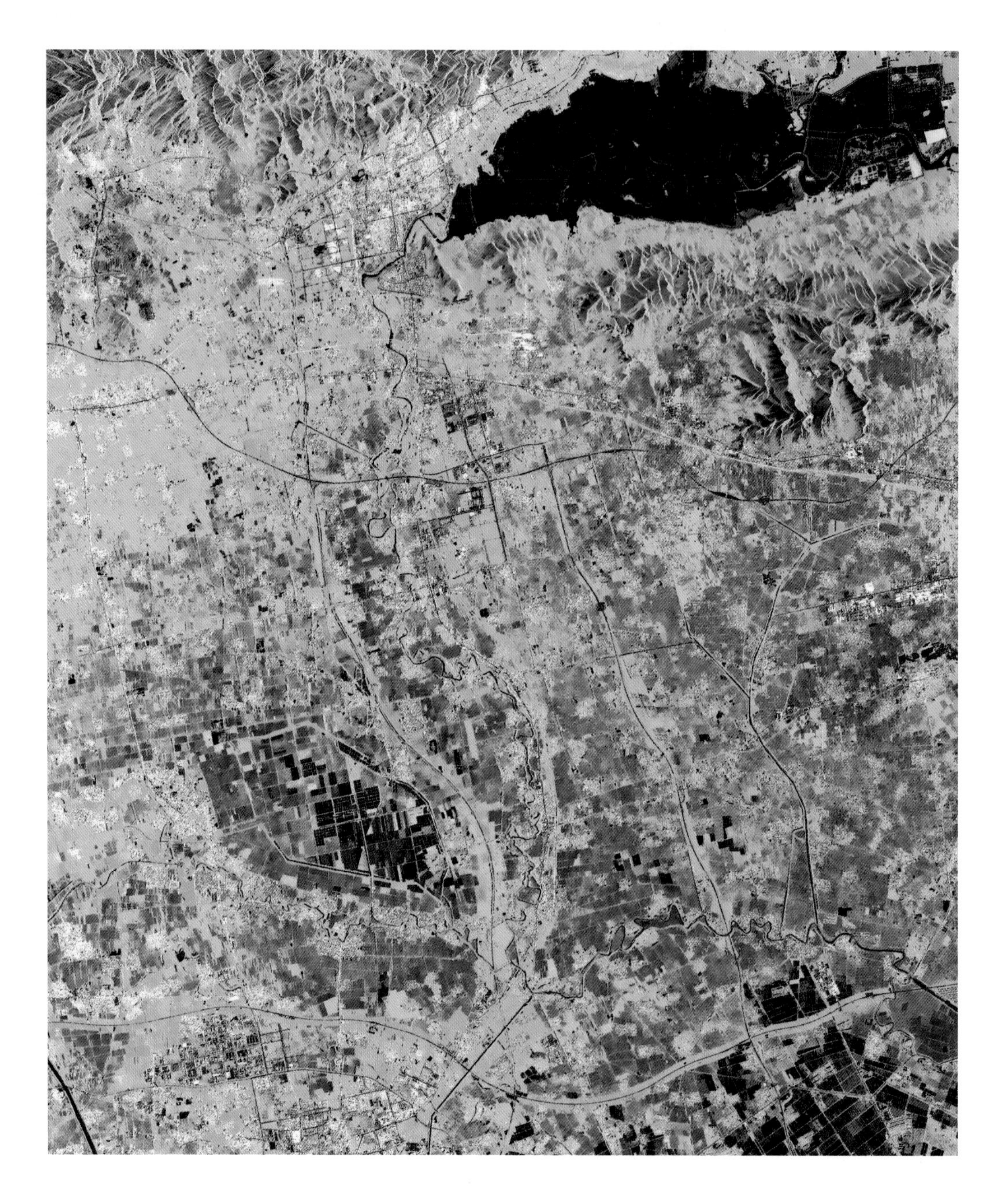

观测日期： 2019 年 5 月 17 日。

中心点经纬度： 39.9° N，117.4° E。

覆盖范围： 宽（东西向）约 38.0 km，高（南北向）约 42.8 km。

数据源信息： 高分三号卫星，全极化条带 1 成像模式数据；中心点入射角：26.6°。

图像处理过程： 空间多视，非邻域极化滤波，反射对称分解，伪彩色合成。

图像说明： 图上部红黄色区域为天津蓟州区，图左下角红色建筑区域为天津宝坻区北部，图右侧为河北玉田县。

36. 四川东部区域（2019年6月12日）

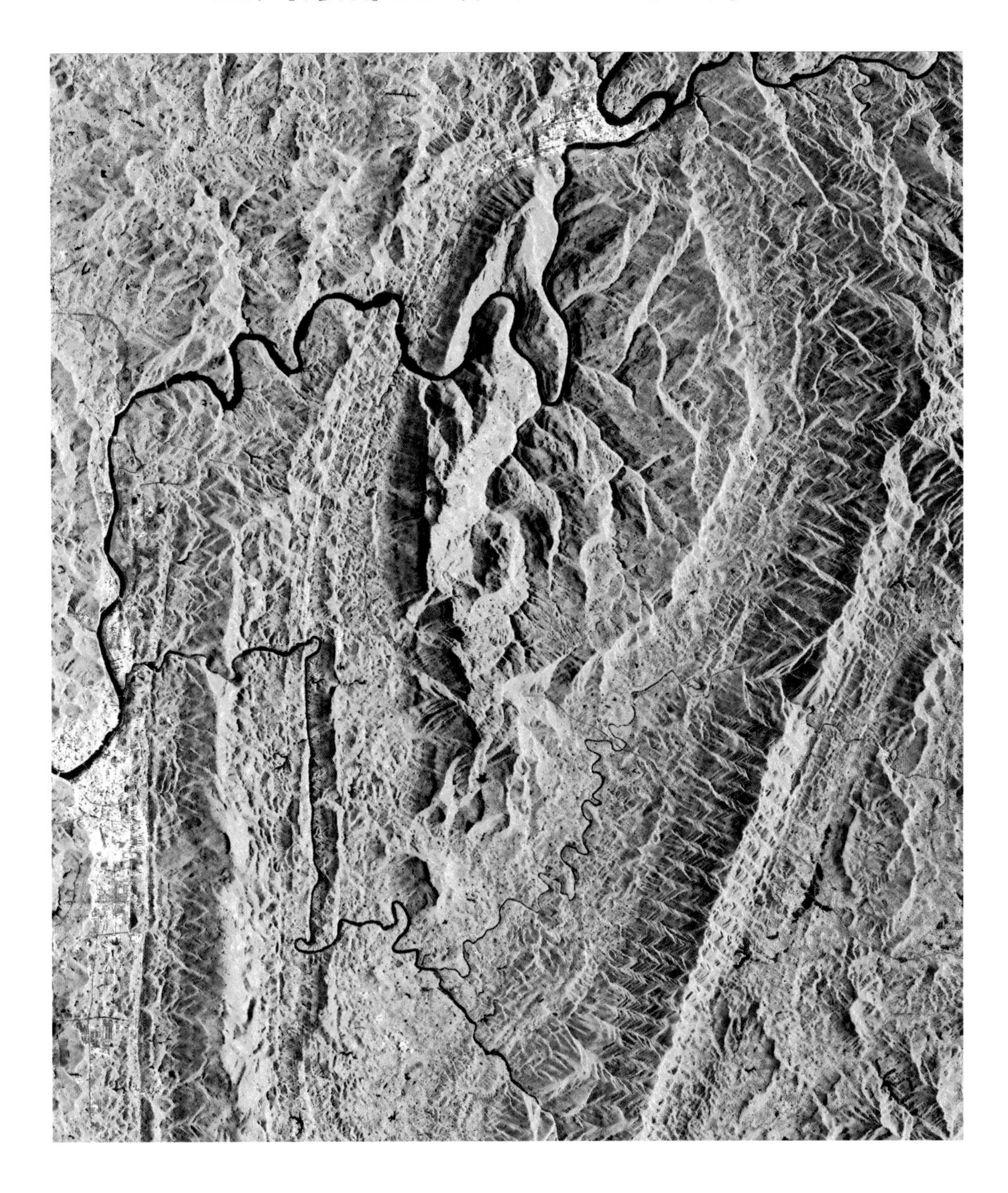

观测日期： 2019 年 6 月 12 日。

中心点经纬度： 31.2° N，107.7° E。

覆盖范围： 宽（东西向）约 30.6 km，高（南北向）约 34.4 km。

数据源信息： 高分三号卫星，全极化条带 1 成像模式数据；中心点入射角：36.3°。

图像处理过程： 空间多视，非邻域极化滤波，反射对称分解，伪彩色合成。

图像说明： 四川东部区域图像。图上部中间红黄色建筑区域为宣汉县，图左侧建筑区域为达州市，它们之间的河流为州河。

37. 孟加拉国东部区域（2019 年 6 月 25 日）

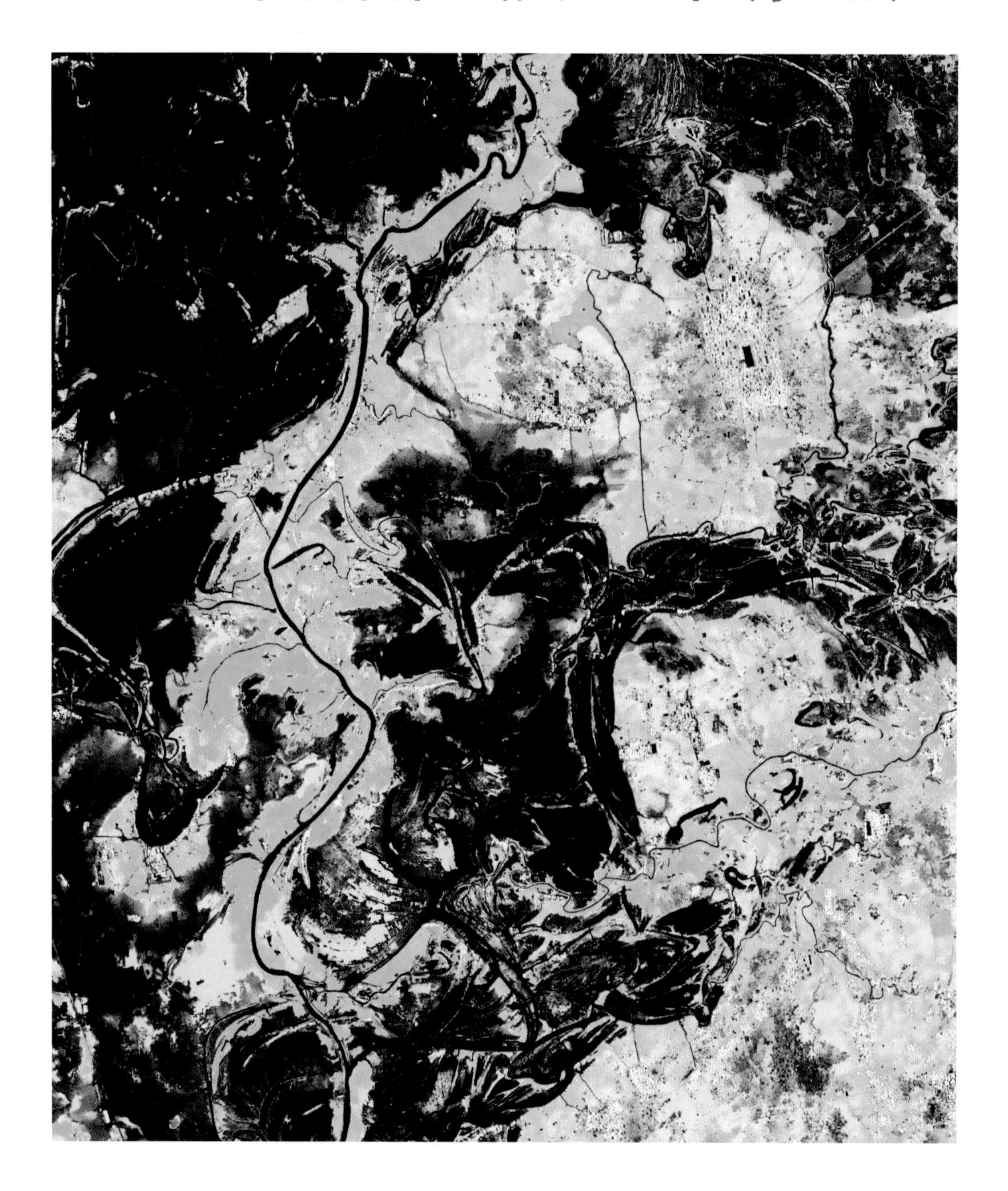

观测日期： 2019 年 6 月 25 日。

中心点经纬度： 24.5° N，91.3° E。

覆盖范围： 宽（东西向）约 33.4 km，高（南北向）约 38.3 km。

数据源信息： 高分三号卫星，全极化条带 1 成像模式数据；中心点入射角：32.8°。

图像处理过程： 空间多视，去定向 Freeman 分解，伪彩色合成。

图像说明： 孟加拉国东部区域图像。图右上部矩形区域为巴尼亚琼，图右下部存在河流冲刷痕迹。

38. 安徽安庆（2019年7月19日）

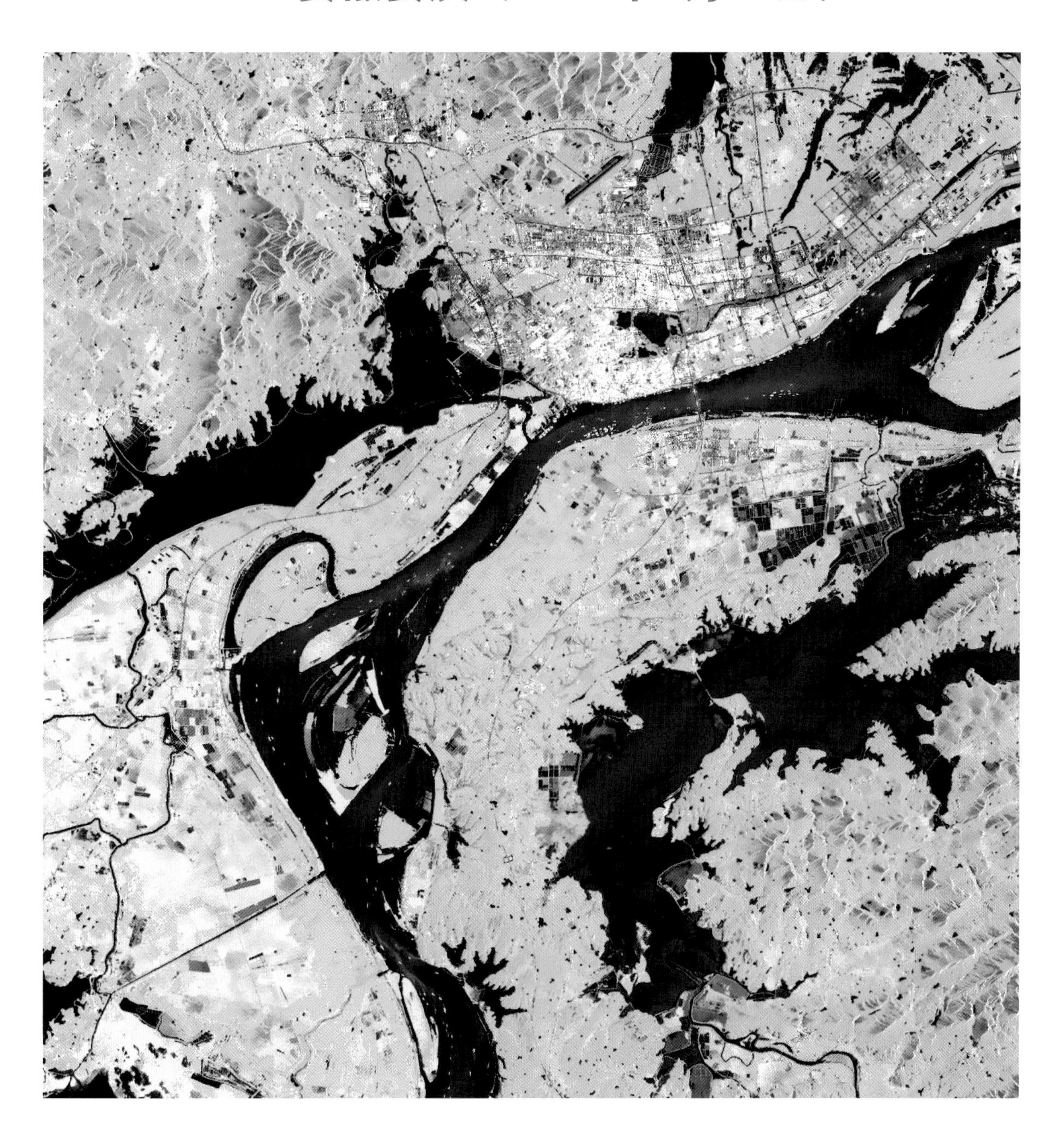

观测日期：2019 年 7 月 19 日。

中心点经纬度：30.4° N，117.0° E。

覆盖范围：宽（东西向）约 37.1 km，高（南北向）约 42.0 km。

数据源信息：高分三号卫星，全极化条带 1 成像模式数据；中心点入射角：25.3°。

图像处理过程：空间多视，非邻域极化滤波，反射对称分解，伪彩色合成。

图像说明：图右上部红色区域即为安徽安庆市，其南侧河流为长江，江中可见大量船舶。

39. 江苏连云港沿海区域（2019年7月24日）

观测日期：2019 年 7 月 24 日。

中心点经纬度：34.5° N，120.0° E。

覆盖范围：宽（东西向）约 21.4 km，高（南北向）约 24.2 km。

数据源信息：高分三号卫星，全极化条带 1 成像模式数据；中心点入射角：39.2°。

图像处理过程：空间多视，去定向 Freeman 分解，伪彩色合成。

图像说明：江苏连云港市南部沿海区域，海面上排列整齐的三排强散射目标为海上风力发电设施。这些目标大部分具有强十字旁瓣，且上下一定距离内还有 SAR 成像特点造成的红色鬼影，海面上还存在多个船舶目标。

40. 河南漯河（2019年8月7日）

观测日期： 2019 年 8 月 7 日。

中心点经纬度： 33.6° N，114.1° E。

覆盖范围： 宽（东西向）约 37.8 km，高（南北向）约 42.8 km。

数据源信息： 高分三号卫星，全极化条带 1 成像模式数据；中心点入射角：26.7°。

图像处理过程： 空间多视，去定向 Freeman 分解，伪彩色合成。

图像说明： 图中部红色建筑区域为河南漯河市，穿城而过的河流为沙河，城区东侧从上至下的线性地物为京港澳高速。

41. 甘肃南湖（2019 年 9 月 11 日）

观测日期：2019 年 9 月 11 日。

中心点经纬度：38.2° N，103.2° E。

覆盖范围：宽（东西向）约 25.9 km，高（南北向）约 28.8 km。

数据源信息：高分三号卫星，全极化条带 1 成像模式数据；中心点入射角：48.1°。

图像处理过程：空间多视，去定向 Freeman 分解，伪彩色合成。

图像说明：图中央的地物特征为甘肃民勤县南湖乡建设的新型农村社区，其西部紫红色区域表明存在具有二次散射的人工建筑。

42. 吉林松原长岭（2019年9月11日）

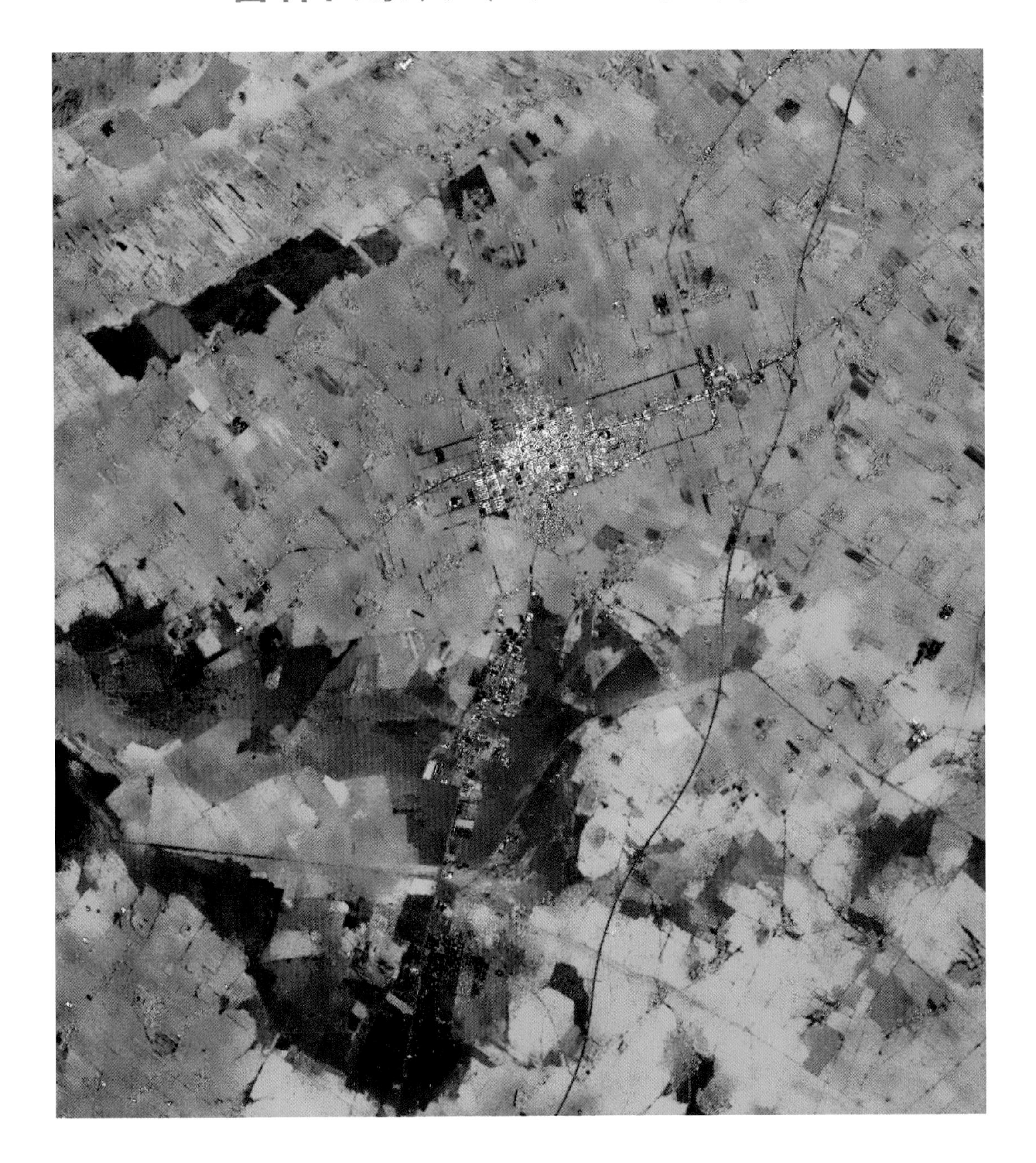

观测日期：2019 年 9 月 11 日。

中心点经纬度：44.2° N，124.0° E。

覆盖范围：宽（东西向）约 25.7 km，高（南北向）约 28.5 km。

数据源信息：高分三号卫星，全极化条带 1 成像模式数据；中心点入射角：48.7°。

图像处理过程：空间多视，非邻域极化滤波，反射对称分解，伪彩色合成。

图像说明：图中间红色建筑区域为吉林松原市长岭县，图右侧由上至下的黑色线条为大广高速 G45。

43. 黑龙江西部区域（2019 年 9 月 11 日）

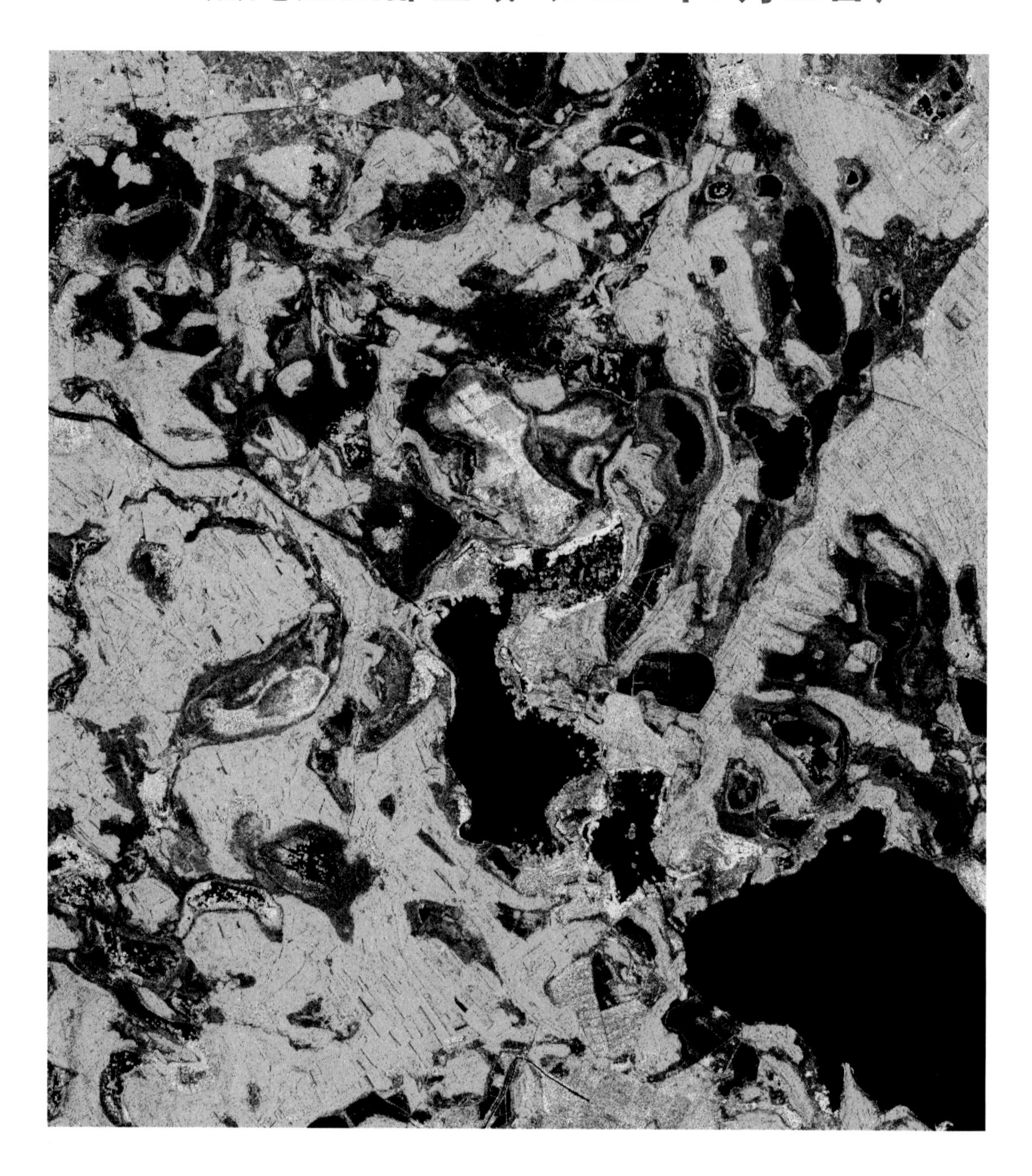

观测日期： 2019 年 9 月 11 日。

中心点经纬度： 46.0° N，124.3° E。

覆盖范围： 宽（东西向）约 25.7 km，高（南北向）约 28.4 km。

数据源信息： 高分三号卫星，全极化条带 1 成像模式数据；中心点入射角：48.7°。

图像处理过程： 空间多视，去定向 Freeman 分解，伪彩色合成。

图像说明： 黑龙江西部、大庆市西南方向独特地貌。

44. 山东黄河三角洲二（2019年9月15日）

观测日期： 2019 年 9 月 15 日。

中心点经纬度： 37.8° N，119.1° E。

覆盖范围： 宽（东西向）约 25.2 km，高（南北向）约 29.1 km。

数据源信息： 高分三号卫星，全极化条带 1 成像模式数据；中心点入射角：46.0°。

图像处理过程： 空间多视，非邻域极化滤波，反射对称分解，伪彩色合成。

图像说明： 山东黄河三角洲自然保护区。图中部河流为黄河，左上部靠海区域为孤东油田，右上部海域中存在船舶目标。

45. 河北迁安（2019年9月20日）

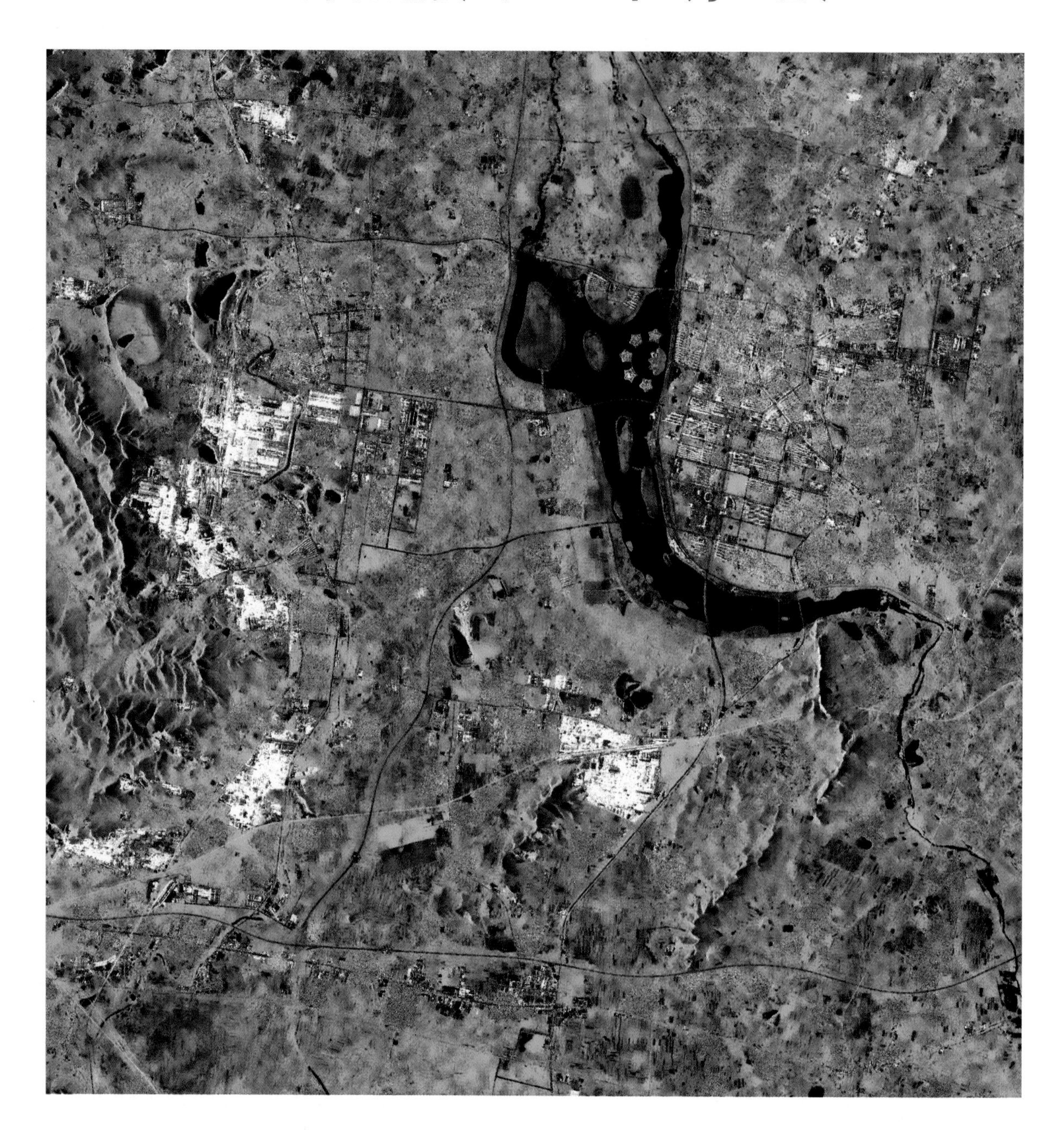

观测日期： 2019 年 9 月 20 日。
中心点经纬度： 40.0° N，118.6° E。
覆盖范围： 宽（东西向）23.7 km，高（南北向）约 25.3 km。
数据源信息： 高分三号卫星，全极化条带 1 成像模式数据；中心点入射角：38.3°。
图像处理过程： 空间多视，非邻域极化滤波，反射对称分解，伪彩色合成。
图像说明： 图右上部分红色建筑区域为迁安市城区，迁安市为河北唐山市的县级市，图中部水域为滦河。

致谢

THANK

首先，特别鸣谢自然资源部国家卫星海洋应用中心，其研发并业务化运行的海洋卫星数据分发系统，为本书所展示的极化产品制作提供了高品质的高分三号卫星数据查询和下载服务。该数据分发系统目前已面向公众开放，网址为 https://osdds.nsoas.org.cn，随时欢迎广大读者和科研人员访问。

其次，感谢国家重点研发计划 2016YFC1401007 项目、国家自然科学基金“面向多视极化 SAR 数据的基于模型的完全非相干极化分解技术研究（61971152）”项目和南方海洋科学与工程广东省实验室（广州）人才团队引进重大专项（GML2019ZD0302）项目对本书工作的大力支持。